航空类专业职业教育系列教材

飞机铆接工理论与实训

（第2版）

主　编　汉锦丽
副主编　王　琳

西北工业大学出版社

西　安

【内容简介】 本书共分为 20 个项目课题,主要包括制铆钉孔、制铆钉窝、普通铆接、分解铆钉、单曲线对缝修合与铆接、双折线对缝修合与铆接、双圆弧对缝修合与铆接、腰形口盖修合与铆接、扇形口盖修合与铆接、半球形口盖修合与铆接、三角形口盖修合与铆接、六边形口盖修合与铆接、四方梅花口盖修合与铆接、制深孔、椭圆形口盖修合与铆接、六边形口盖修合和角材对缝修合与铆接、曲面口盖修合和角材对缝修合与铆接、复杂口盖修合与铆接、铆钣复合件 1 成形、铆钣复合件 2 成形等与教学相关的专业知识和技能操作步骤、要点等内容。

本书可作为航空职业院校教材,也可供从事飞机制造的工人、技术人员,以及大、中专和技工院校的飞机制造专业师生参考。

图书在版编目(CIP)数据

飞机铆接工理论与实训 / 汉锦丽主编 . — 2 版 . — 西安:西北工业大学出版社,2022.6
ISBN 978 - 7 - 5612 - 8132 - 1

Ⅰ.①飞… Ⅱ.①汉… Ⅲ.①飞机构件-铆接-中等专业学校-教材 Ⅳ.①V262.4

中国版本图书馆 CIP 数据核字(2022)第 095420 号

FEIJI MAOJIEGONG LILUN YU SHIXUN
飞 机 铆 接 工 理 论 与 实 训
汉锦丽 主编

责任编辑:高茸茸		策划编辑:杨 军	
责任校对:王梦妮		装帧设计:董晓伟	

出版发行:西北工业大学出版社
通信地址:西安市友谊西路 127 号　　　　邮编:710072
电　　话:(029)88491757,88493844
网　　址:www.nwpup.com
印　刷　者:陕西奇彩印务有限责任公司
开　　本:787 mm×1 092 mm　　　　1/16
印　　张:14.25
字　　数:356 千字
版　　次:2014 年 10 月第 1 版　2022 年 6 月第 2 版　2022 年 6 月第 1 次印刷
书　　号:ISBN 978 - 7 - 5612 - 8132 - 1
定　　价:49.00 元

第 2 版前言

《飞机铆接工理论与实训》(第1版)自2014年出版以来,被国内多个航空航天厂所和职业院校作为员工培训教材或教科书使用,产生了良好的社会效益。

为满足职业院校人才培养和素质教育的要求,结合兄弟单位航空企业专家和院校教师使用本书后的意见和建议,本着与时俱进的原则,紧跟国际、国内飞机制造业的发展变化,笔者组织了在职业教育战线多年从事教学、研究工作的教师和航空企业技术技能专家对《飞机铆接工理论与实训》一书进行了修订。本次修订力求从飞机制造业应用型技能人才的职业需要出发,着重体现对学生(学员)运用知识分析和解决问题的基本能力的培养,进一步突出课程的科学性、实用性和前瞻性。

本次修订考虑了以下几个方面:

(1)保持原作"质量高、有特色、能满足职业院校教学需要"等特点,教材内部材料供应状态标识和生产企业一致。

(2)以学生(学员)完成具体任务为主线,设计工艺知识及技能操作技巧等教学内容,实现理论知识学习与技能操作训练同步进行,促使学生(学员)能够在真实的操作环境中进行知识的学习和拓展。

(3)教材融入世界技能大赛成果,依据世界技能大赛对职业技能人才的要求,增加了相关专业飞机铆接工技能拓展知识,以世界技能大赛评分标准设计综合件练习项目课题。

本书由西飞技师学院汉锦丽担任主编,王琳担任副主编,参加本次修订编写工作的还有西飞技师学院任丽荣和中航工业西飞公司企业专家万胜强、王晋涛。参加本次修订审稿工作的有西飞技师学院王海宇和中航工业西飞公司企业专家张晨光、孙长青。

本书修订再版后,既可以作为航空航天企业员工培训和职业院校教学教材使用,也可作为飞机制造业工艺人员和操作员工自学参考资料。

由于学识和经验所限,书中仍然可能有不当之处,恳请广大读者特别是使用本书的教师和学员指正。

编　者

2021 年 10 月

第1版前言

为推进我国技工教育教学体系改革,培养合格的现代化建设技能型人才,西飞技师学院积极推进理论和实训一体化教学改革。这种教学模式的主体思想是把理论知识教学和实际操作训练融为一体,都是在实训现场讲完理论知识和操作工艺规程后,立即指导学生进行实际操作训练,加深对理论知识的理解并学会应用,避免过去理论教学和实际训练相互独立,甚至相互脱节的现象。编写与这种教学模式相配套的教材是这项教学改革的首要任务之一。西飞技师学院教师总结多年教学经验和成果,参考兄弟院校做法,编写了这套富有自身特色的理论与实训一体化系列教材。

本书介绍了飞机制造铆接工的基础知识和操作规程,主要内容包括制铆钉孔、制铆钉窝、普通铆接、分解铆钉、单曲线对缝修合与铆接、双折线对缝修合与铆接、双圆弧对缝修合与铆接、腰形口盖修合与铆接、三角形口盖修合与铆接、六边形口盖修合与铆接、制深孔等15个项目课题教学的相关专业知识与技能操作步骤、要点等。为了便于学生掌握每个项目课题所学专业知识与技能,进而加工出合格的零件,且确保安全生产、文明生产,每个项目课题都设有明确的学习目标、任务引领、相关专业知识、任务实施(内含注意事项)、实施效果评价、课后思考与练习等。

在本书编写过程中,笔者始终以学生就业为导向,以企业用人标准为依据,根据技工院校教学特点和学生的认知规律,坚持够用、实用的原则,力求使内容简明易懂。

本书由汉锦丽任主编,王琳任副主编,参与编写的还有万胜强、薛莹、王晋涛。全书由汉锦丽统稿。

感谢西飞技师学院实习厂对本书编写进行的精心组织筹划和所做的大量协调工作。参加审稿的人员包括王海宇、韩麦叶、张晨光、高岚、魏云仙。

在本书编写过程中,笔者参阅了部分国内外文献资料和高等院校的有关教材,在此谨对原作者深表感谢。

编写理论与实训一体化教材是初次尝试,经验不足,书中不妥和疏漏之处在所难免,恳请读者指教。

编　者
2014 年 6 月

目　　录

项目课题 1 制铆钉孔

内容提示

项目课题 1 主要讲述制铆钉孔任务实施工艺分析、安全文明生产及材料、操作工量刀具、技术要求、相关专业知识,任务实施准备工作、操作步骤、注意事项及实施效果评价等内容。

教学要求

(1)了解制孔设备和工具的名称、性能,并掌握使用方法。

(2)掌握制铆钉孔的操作方法和工艺要求。

(3)学会预防和排除制孔过程中常见的质量故障。

(4)遵守安全操作规定,制出合格的铆钉孔。

内容框架图

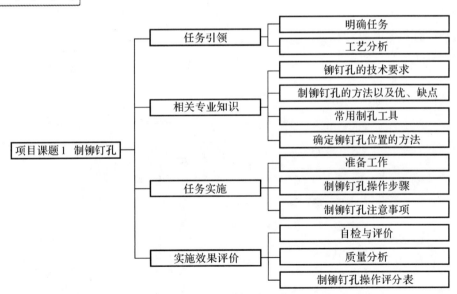

【任务引领】

一、明确任务

1.安全文明生产

(1)实习时必须穿好工作服,戴好工作帽(头发纳入帽子内),做到"三紧"(扣紧领口、扣紧袖口、扣紧下摆),如图 1.1 所示。

(2)工作现场必须穿平跟鞋,鞋面包裹全部脚面。

（3）操作时必须集中精力，不允许听音乐、吃东西、打闹等。

扣紧领扣

扣紧袖口

扣紧下摆

图 1.1　正确穿着工作服

2.制铆钉孔

在 δ4 mm×120 mm×100 mm 的材料上钻制 ϕ3.6 mm 和 ϕ4.1 mm 孔各 45 个，如图 1.2 所示。

3.技术要求

（1）铆钉孔位置度为±0.5 mm。

（2）铆钉孔垂直度目测为 0.1 mm。

（3）铆钉孔表面粗糙度 Ra 为 6.3 μm。

（4）试板表面无任何划伤。

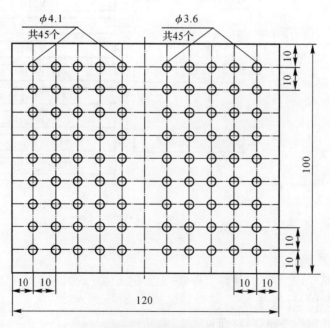

图 1.2　制铆钉孔零件

4.制铆钉孔工量刀具清单

制铆钉孔工量刀具清单见表 1.1。

表 1.1　制铆钉孔工量刀具清单

制铆钉孔工量刀具清单			毛　坯	材　料	数　量	图　号
			δ4 mm×120 mm×100 mm	2A12T4	1	MZ01
序　号	名　称	规　格	数　量	序　号	名　称	规　格	数　量
1	风钻	Z801	1	5	平锉刀	200 mm	1
2	风钻	Z601	1	6	钢板尺	150 mm	1
3	钻头	ϕ3.6 mm	1	7	铅笔	2B	1
4	钻头	ϕ4.1 mm	1	8			
备注	铆工常用工具						

二、工艺分析

1.钻头刃磨的要求与孔质量的关系

(1)顶角 $2\varphi = 90° \sim 118°$,顶角小,制孔时易于定心稳定,若孔位出现偏差便于借正。

(2)横刃斜角 ψ 为 55°左右。若角度过大,钻头不锋利,易造成孔口出现毛刺;若角度过小,易造成孔口多棱。

(3)后角 $\alpha = 8° \sim 10°$。钻削硬材料时,后角小些;钻削软材料时,后角大些。

(4)刃磨时要求两条主切削刃等长,两条主切削刃与钻头轴心线夹角对称相等,否则钻孔时振动大,易造成孔径超差。

(5)刃磨钻头的后刀面要光滑,不允许有棱。

2.制铆钉孔的工艺要求及方法

(1)用铅笔在试板上划孔位线时要求位置准确,线条细而准。

(2)制孔时不允许在试板上划有孔位线的位置敲击样冲眼,以免试板变形。

(3)当铆接件材料的厚度不同,材质软硬不同时,制孔一般从厚度大、强度高的零件一面钻至厚度小、强度低的一面。

(4)制孔时,合理掌握借孔的方法,以免造成孔边距、间距超差。

(5)铆钉直径大于 4 mm 时,应先钻小孔,然后扩孔至最后尺寸。

【相关专业知识】

一、铆钉孔的技术要求

(1)铆钉孔圆度应在铆钉孔直径极限偏差内。铆钉孔的直径及其极限偏差见表 1.2。

表 1.2　铆钉孔直径及其极限偏差　　　　　　　　　　单位:mm

铆钉直径	2.0	2.5	2.6	3.0	3.5	4.0	5.0	6.0	7.0	8.0	10.0
铆钉孔直径	2.1	2.6	2.7	3.1	3.6	4.1	5.1	6.1	7.1	8.1	10.1
铆钉孔极限偏差	$+0.1$ 0							$+0.15$ 0			$+0.2$ 0
更换同号铆钉时孔极限偏差	$+0.2$ 0						$+0.3$ 0				

(2)铆钉孔的表面粗糙度 Ra 不大于 $6.3~\mu\mathrm{m}$。

(3)铆钉孔轴线应垂直于零件表面。允许由于孔的偏斜而引起铆钉头与零件贴合面的单向间隙不大于 0.05 mm。

(4)在楔形件上铆钉孔轴线应垂直于楔形件两斜面夹角的平分线,如图 1.3 所示。

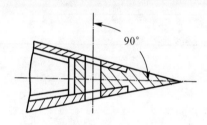

图 1.3　楔形件上铆钉孔轴线的位置

(5)不允许铆钉孔有棱角、破边和裂纹。

(6)铆钉孔边的毛刺应清除,允许在孔边形成不大于 0.2 mm 的倒角。尽可能分解铆接件,清除贴合面孔边的毛刺。

二、制铆钉孔的方法以及优、缺点

1.冲孔

冲孔一般借助于冲模在冲孔设备上进行。此方法可以提高生产率,但容易产生裂纹、毛刺等缺陷,因此应用较少。

2.钻孔

(1)钻孔的应用。

1)钻孔是制铆钉孔的主要方法。它是用钻头在零件上加工孔的方法。此方法可以获得较光洁孔壁,因此应用比较普遍。影响钻孔质量的主要因素有零件材料、钻头切削部分的几何形状、刀刃的锋利程度、转速、进给量等。根据装配件的结构特点和孔径大小选择钻孔装置和风钻的型号。目前,主要的钻孔工具是风钻,适用于各类组合件和部件,特别是部件总装和型架上的钻孔工作。

2)平面型组合件(梁、翼肋、框等)尽可能使用台钻进行钻孔。

3)大型的平面型组合件尽可能使用钻孔-锪窝装置进行钻孔,如图 1.4 所示。

4)钻孔直径大(大于 5 mm)且孔的数量多时,可以设计专用的钻孔装置,并将其安装在装配型架上完成钻孔工作。这种方法适用于成批生产。

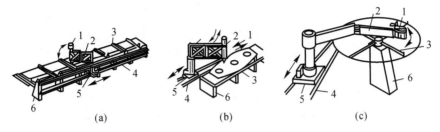

图 1.4　钻孔-锪窝装置

(a)大梁和板件钻锪装置 CY-Ⅱ；　(b)隔框钻锪装置 CY-Ⅲ；　(c)翼肋钻锪装置 CY-H

1—钻削头；　2—回臂钻床；　3—支撑装置；　4—导轨；　5—小车；　6—立柱

5)在总装配和厂外排故工作中,可以使用新型电钻(蓄电池式)制铆钉孔,既方便又安全。

(2)钻头加工参数。根据被加工零件的材料,可参考表 1.3 所提供的数据刃磨麻花钻头并确定切削速度和进刀量。

(3)钻孔注意事项。

1)钻头应尽量采用刃磨机集中刃磨。

2)一般应从厚度大、强度高的零件一面钻孔,同时用木棒将薄零件撑住。

3)按骨架上的导孔或划线钻孔时,应先钻制小孔,然后从蒙皮一面将孔扩至最后尺寸。

表 1.3　麻花钻头的刃磨参数、切削速度和进刀量

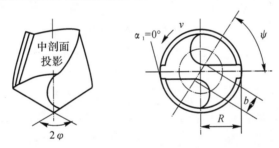

被加工材料			硬 铝	镁合金	不锈钢	高强度合金钢
钻头	顶角 2φ	标准钻头	$118°\pm2°$	$90°\sim118°$	$80°\sim110°$	$118°\sim140°$
	后角 α		$8°\sim20°$	$8°\sim20°$	$\approx25°$	$\approx20°$	$\approx18°$
	横刃斜角 ψ		$d\leqslant15$ mm, $\varphi=50°$ $d>15$ mm, $\varphi=55°$	$\approx85°$	$d\leqslant15$ mm, $\varphi=50°$ $d>15$ mm, $\varphi=55°$	
	横刃宽 b		$0.03d$	$0.02d$	$(0.006\sim 0.012)d$	$(0.009\sim 0.012)d$	$0.015d$
切削速度 $v/(\text{m}\cdot\text{min}^{-1})$			$45\sim90$	<10	≈12	<10
进刀量 $s/(\text{mm}\cdot\text{r}^{-1})$			$0.1\sim0.2$	≈0.4	$0.1\sim0.3$	

注:d 为钻头直径,mm。

4)铆钉直径大于 4 mm 时,应先钻小孔,然后用钻头扩孔。小孔直径一般为铆钉直径的 3/5～4/5。

5)用风钻在厚度为 3 mm 以上的铆接件上钻孔时,除结构不开敞外一般应采用垂直钻套或钻模。特别是在组合件装配型架上制孔时,应尽可能采用钻模,以保证孔的位置度和垂直度达到要求。

6)各零件上的同一铆钉孔,应一起钻至最后尺寸。

7)用力适当:合理地控制切削用量。如钢零件的进刀量约为 0.24 mm/r,切削速度约为 24 m/min,而铝合金的进刀量约为 0.3 mm/r,切削速度为 45～90 m/min。钻孔时,首先轻按风钻扳机,后重按,使转速先慢后快,开始钻孔时压力要大,当孔即将钻通时,用力要小(即进刀量小),以免孔口毛刺过大或钻夹头触伤零件,折断钻头等。为了防止钻夹头触伤零件,可以在钻头尾部套上一小块橡皮保护。钻头从孔中退出时,仍然保持钻头的姿态,以防孔径扩大或偏斜。

8)从厚到薄、从硬到软:如果几层零件叠在一起,在许可的条件下,钻孔时遵守此原则容易保证孔形状和质量。

9)慢转重压:对于硬度较高的零件,钻孔时进刀力尽量大,风钻转速要慢。如果发出"吱吱"的叫声,马上停钻,检查钻头磨损情况,一般重磨再钻,必要时要加适当冷却液(如乳化液)钻孔。

(4)几种常用材料的钻孔方法。

1)铝合金零件钻孔。

切削速度可选用 45～90 m/min;

铝合金零件要注意排屑,防止刀瘤;

解决切屑黏刀问题,可用煤油与菜油的混合物作切削冷却液;

当铆接件中有 LC4 材料的零件,夹层厚度大于 15 mm,孔径大于 6 mm 时,铆钉孔应采用铰孔的加工方法。

2)钢制零件钻孔。

选用大功率低速风钻钻孔,$n=600～900$ r/min;

降低切削速度,$v<10$ m/min;

进刀量适当加大,$s=0.1～0.3$ mm/r;

采用硬质合金钢钻头钻孔;

当钻头不锋利时,不能强行用钻头在孔内钻孔,以免孔中材料硬化。

3)镁合金零件钻孔。

选用低转速风钻钻孔;

切削速度要小,$v<10$ m/min;

进刀量适当加大;

采用硫化油乳化液冷却润滑。

4)钛合金零件钻孔。

选用硬质合金、氮化碳的钻头或者高速钢钛的钻头,也可使用短而锋利的标准麻花钻头;

采用大功率低转速风钻,$n=700～800$ r/min,保持低速快进给;

切削速度要小,$v=8～10$ m/min;

进刀量 $s＝0.07\sim0.09$ mm/r。

5)碳纤维复合材料的制孔。

在复合材料上钻孔,主要是为防止钻孔中的轴向力产生层间分层和钻头出口处分层。钻孔时,碳颗粒对刀具磨损很厉害,因此,应选用钨-钴类硬质合金钻头。当前,操作人员喜欢使用一种复合型钻头,具有 4 个刀刃、螺旋、带钻、铰、扩的钻头,该类钻孔效率高,质量好,不起棱。钻孔一般选用高转速低进给加工,转速 $n＝1\ 200\sim2\ 000$ r/min,进给量 $s＝0.02\sim0.1$ mm/r 为宜;为避免或减少钻头进口面纤维撕裂,尽可能先启动气钻,然后接触制件进行钻孔;钻孔时,尽量不使用润滑剂和冷却剂,防止水分渗入夹层,需使用冷却剂时,也要烘干处理。钻孔时,在复合材料的出口面(即孔的位置)垫支撑物,当钻头快露出出口面时,给钻头的轴向力要减小,以防材料劈裂分层;当复合材料与金属零件一起钻孔时,应优先考虑选择在复合材料一面先钻;在复合材料上钻孔时,要保持钻头切削刃处于锋利状态,应勤磨或更换钻头。

钻头锋角与被加工材料的关系见表 1.4。

表 1.4　钻头锋角与被加工材料的关系

加工材料	标准钻头	合金钢	钛合金	硬 铝	镁合金	有机玻璃
锋角 2ϕ	$118°\pm2°$	$118°\sim140°$	$135°$	$96°\sim118°$	$90°\sim116°$	$60°\sim70°$

(5)钻孔后的毛刺清除。

1)用风钻安装"毛刺锪钻"去毛刺,"毛刺锪钻"结构如图 1.5 所示。

2)也可用比铆钉孔大 2～3 级的钻头去毛刺(其顶角为 $120°\sim160°$),如图 1.6 所示。

3)风钻转速不宜太快,用力要适当。

4)去毛刺允许在孔边形成 0.2 mm 深的倒角。

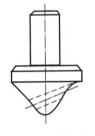

图 1.5　毛刺锪钻

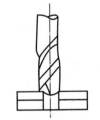

图 1.6　大钻头去毛刺

(6)钻孔操作要点。

1)装夹钻头时,一定要用钻夹头钥匙装卸,严禁用手打钻夹头或用其他方法装卸钻头,以免风钻轴偏心,影响孔的精度,如图 1.7 所示。

2)右手握紧风钻手柄,中指掌握扳机开关,无名指协调控制风量。灵活操纵风钻转速,左手托住钻身,始终保持风钻平稳向前推进,如图 1.8(a)所示。

3)钻孔时要保证风钻轴线和水平方向与被钻零件表面垂直[见图 1.8(b)],楔形零件钻孔除外。

4)钻孔时风钻转速要先慢后快,当孔快钻透时,转速要慢,压紧力要小。在台钻上钻孔时,要根据零件材质调整转速和进刀量。

5)使用短钻头钻孔时,根据零件表面开敞情况,在左手托住钻身情况下,使用拇指和食指,也可用手肘接触被钻零件作为钻孔支点,保证钻头钻孔的位置准确,防止钻头打滑钻伤零件。当孔钻穿时,又可防止钻头碰伤零件表面,还可使风钻连续运转,提高钻孔速度。

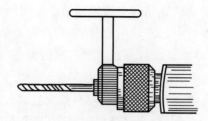

图 1.7　用钻夹头钥匙装卸钻头

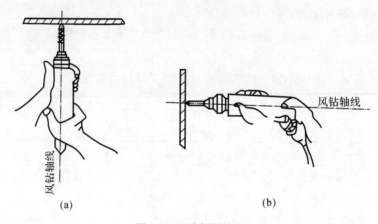

(a)　　　　　　　　　　　　(b)

图 1.8　正确握钻姿势

6)使用长钻头钻孔时,一定要用手掌握钻头光杆部位,以免钻头抖动,使孔径超差或折断钻头。

7)使用风钻钻较厚零件时,要目测或用 90°角尺检验钻孔垂直度,如图 1.9 所示。钻孔时还要勤退钻头排屑。

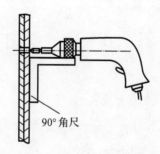

图 1.9　用 90°角尺检验钻孔垂直度

3.扩孔

扩孔是用扩孔钻对已有孔进行扩大加工的方法。此方法加工质量比钻孔高,常作为孔的半精加工及铰孔前的预加工。因此扩孔多用于成批大量生产。

4.铰孔

铰孔是由铰刀对已存在孔进行精加工的方法,从零件孔壁切除微量金属层,以提高孔的尺寸精度和达到孔表面粗糙度。因此铰孔常用于精度高的孔的加工。

(1)铰孔的工艺要求。

1)当铆接件中有 LC4 材料的零件、夹层厚度大于 15 mm、孔径大于 6 mm 时,铆钉孔应采用铰孔方法加工。当孔表面粗糙度 Ra 不大于 1.6 μm 时,孔径尺寸和极限偏差按表 1.2 确定。

2)优先采用风钻铰孔,也可采用手工铰孔。

3)铰孔时为保证孔的精度,应采用带导杆的铰刀,选用原则与扩孔钻的相同。

4)按钻模铰孔。

5)铰孔之前一般先经过钻孔或扩孔后留些铰孔余量。余量的大小直接影响铰孔质量。余量太小,往往不能把前道工序所留下的加工痕迹铰去;余量太大,切屑挤满铰刀的齿槽中,使冷却液不能进入切削区,严重影响表面粗糙度,或使切削刃负荷过大而迅速磨损,甚至崩刃。

(2)铰孔时的注意事项。在铰孔时应注意,铰刀绝不可倒转,否则会磨钝刀刃、划伤孔壁,铰刀应在旋转状态下退出。铰孔前先用与产品同材料的试件试铰,合格后再正式铰孔。铰孔时应注意铰刀要垂直于零件,铰削一次就要清除黏在刀齿上的切屑碎末,铰完孔后用毛刷刷干净铰刀,涂油后套入护套。

5.拉孔

拉孔是用拉刀借助于拉削设备对已经存在的孔进行加工的方法,也是孔精加工的方法之一。

三、常用制孔工具

(1)风钻:主要钻孔工具,具有力矩大、质量轻、体积小、钻孔安全等特点。

常用风钻型号:

Z801——转速低,扭矩大,适用于厚料。

Z601——转速高,扭矩小,效率高,适用于薄料。

(2)风带:连接风源与风动工具的橡胶管状物体。

(3)快接风嘴:连接风带与风动工具的装置。

四、确定铆钉孔位置的方法

铆钉在结构中承受一定的载荷,因此铆钉的尺寸和排列位置在产品图中均有规定,也就是钉距、排距、边距,其中边距尺寸的保证是首要的。

确定孔的位置常用以下定位方法。

(1)按照图样尺寸划线:用钢板尺和 2B 铅笔在工件上划位置中心线。

(2)按照样板划线:根据零件的形状和部位,自制划线样板。

(3)按照导孔划线:成批生产中常用的方法。

(4)按照钻模钻孔:适用于有协调互换要求,对孔的垂直度、圆度、位置尺寸要求严格的孔。

【任务实施】

一、准备工作

1.试板毛坯

检查毛坯尺寸:δ4 mm×122 mm×102 mm。材料:2A12T4。数量:1 件。

2.工艺装备

Z601 风钻;风带;$\phi3.6$ mm,$\phi4.1$ mm,$\phi8$ mm 钻头;200 mm 铝锉刀;$\phi20$ mm 铣轮;150 mm 或 300 mm 钢板尺;200 mm 直角尺;150 mm 游标卡尺;2B 铅笔。

二、制铆钉孔操作步骤

(1)外形加工:用锉刀锉削或者用铣轮铣削毛坯材料外形至尺寸为(120 mm×100 mm)±0.5 mm,四边垂直度为 $90°±30'$,去除各棱边毛刺。

(2)划线:依据图纸进行划线,以外形为基准左右对称划出边距 10 mm、间距 10 mm 孔位线,保证左边 $\phi4.1$ mm 孔位 45 个,右边 $\phi3.6$ mm 孔位 45 个,边距、间距合格。

(3)制孔:按照图纸要求进行制孔,操作中不断完善制孔的方法,保证孔的位置度±0.5 mm、垂直度 0.05 mm 合格。

(4)修整:去除所有孔口的毛刺。

(5)检查孔质量:

1)孔精度检查:塞规通端靠自重下沉,不允许用过大的力压入;塞规止端允许进入孔内不超过 1/3 塞规高度。

2)垂直度检查:用塞尺检查铆钉头与被连接件之间的单向间隙,检查孔是否垂直。

3)表面粗糙度检查:目测孔内不允许出现螺旋形痕迹以及严重拉伤。

三、制铆钉孔注意事项

(1)制铆钉孔时人站立姿势要稳定,不允许出现在制孔过程中人的身体晃动的现象。

(2)制铆钉孔时,风钻的垂直度在起钻前就要掌握好,不允许在制孔过程中不断调整垂直度的情况。

(3)当孔位不正时,应在孔最大直径没有出来之前就借正,否则孔口会产生变形或喇叭口现象。

(4)为避免出现孔钻通时将试板表面撞伤的情况,可以在钻头后部缠些胶布起保护作用。

(5)所有的铆钉孔制完后,必须要去除孔口毛刺。

(6)操作者要有认真、仔细的态度。

【实施效果评价】

一、自检与评价

每位学生完成课题后,按照图样和评分标准认真检测课件是否符合要求,对不合格的铆钉孔做出自检标记。

二、质量分析

学生针对自己在加工中出现的质量问题做出原因分析,并提出纠正措施,指导教师对全部学生的课件进行检测,并做好检测记录。对于学生在操作过程中普遍存在的操作方法、检测方法、技术安全等方面的问题,分析产生错误的原因,提出纠正措施,避免类似的问题重复发生。

三、制铆钉孔操作评分表

制铆钉孔操作评分表见表 1.5。

表 1.5 制铆钉孔操作评分表

制铆钉孔操作评分表		图 号	考 号	总 分		
		MZ01				
序号	考核要求	配分 T	评分标准			检测工具	检测结果	扣分
			$\leqslant T$	$>T,\leqslant 2T$	$>2T$			
1	孔位置度 ±0.5 mm(90 个)	45	45	0	0	目测		
2	孔垂直度 0.05 mm(90 个)	45	45	0	0	目测		
3	孔表面粗糙度 Ra 3.2 μm	10	10	0	0	目测		
4	表面质量	表面划伤、撞伤每处从总分中扣 1 分				目测		
5	技术安全与文明生产	违反有关规定扣总分 5～10 分				现场记录		
合 计		100 分						

检测：　　　　　　　　　　　年　月　日

【课后思考与练习】

(1)制孔的技术要求是什么？

(2)钻孔的注意事项是什么？

(3)钻孔后如何去毛刺？

(4)钻孔的工艺要求是什么？

(5)铰孔时的注意事项是什么？

(6)如图 1.10 所示,进行制铆钉孔训练。制铆钉孔操作训练评分表见表 1.6,技术要求如下：

1)划线钻孔,线条清晰。

2)孔位置度为 ±0.5 mm。

3)孔垂直度目测为 0.05 mm。

4)孔表面粗糙度 Ra 为 3.2 μm。

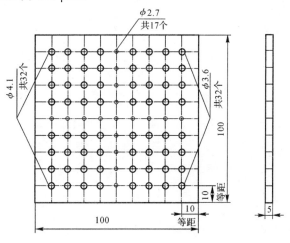

图 1.10 制铆钉孔训练

表 1.6　制铆钉孔操作训练评分表

制铆钉孔操作训练评分表		图 号		考 号		总 分		
序号	考核要求	配分 T	评分标准			检测工具	检测结果	扣分
			$\leq T$	$>T,\leq 2T$	$>2T$			
1	孔位置度±0.5 mm(81个)	40	40	0	0	目测		
2	孔垂直度0.05 mm(81个)	40	40	0	0	目测		
3	孔表面粗糙度 Ra 3.2 μm	20	20	0	0	目测		
4	表面质量	表面划伤、撞伤每处从总分中扣1分				目测		
5	技术安全与文明生产	违反有关规定扣总分5~10分				现场记录		
合　计		100分						
复核人员		检 测 人 员						
		签　字	检测项目序号					

项目课题2 制铆钉窝

项目课题2主要讲述制铆钉窝任务实施工艺分析及材料、操作工量刀具、技术要求、相关专业知识,任务实施准备工作、操作步骤、注意事项及实施效果评价等内容。

教学要求

(1)了解制窝设备和工具的名称、性能,并掌握使用方法。

(2)掌握制铆钉窝的操作方法和工艺要求。

(3)学会预防和排除制窝过程中常见的质量故障。

(4)遵守安全操作规定,制出合格的铆钉窝。

内容框架图

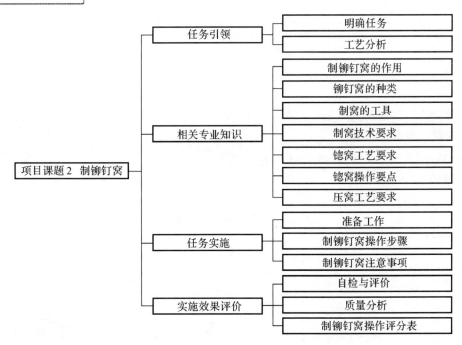

【任务引领】

一、明确任务

1.制铆钉窝

在δ4 mm×120 mm×100 mm的试板上先按照图样的尺寸以及所有孔的位置进行制铆

钉孔后,再制 $\phi 3.5\ mm\times 90^\circ$,$\phi 3.5\ mm\times 120^\circ$,$\phi 4\ mm\times 90^\circ$,$\phi 4\ mm\times 120^\circ$铆钉窝各 20 个(见图 2.1)。

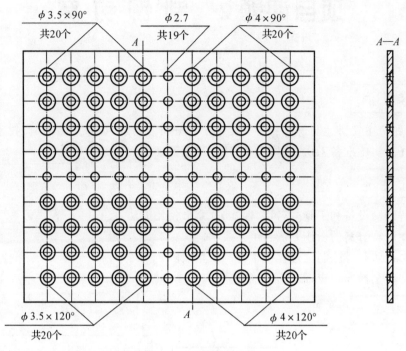

图 2.1　制铆钉窝零件

2.技术要求

(1)窝量规检查各种铆钉窝凸出量为 0.02~0.1 mm。

(2)铆钉窝垂直度单向间隙≤0.05 mm,不允许出现偏窝、漏窝。

(3)窝的圆度<0.2 mm。

(4)铆钉窝表面应光滑、洁净,不允许有棱角和划伤。

3.制铆钉窝工量刀具清单

制铆钉窝工量刀具清单见表 2.1。

表 2.1　制铆钉窝工量刀具清单

制铆钉窝工量刀具清单			毛　坯	材　料	数　量	图　号
			$\delta 4\ mm\times 120\ mm\times 100\ mm$	2A12T4	1	MZ02
序　号	名　称	规　格	数　量	序　号	名　称	规　格	数　量
1	锪窝钻	$\phi 3.5\ mm\times 90^\circ$	1	5	窝量规	$\phi 3.5\ mm\times 90^\circ$	1
2	锪窝钻	$\phi 3.5\ mm\times 120^\circ$	1	6	窝量规	$\phi 3.5\ mm\times 120^\circ$	1
3	锪窝钻	$\phi 4\ mm\times 90^\circ$	1	7	窝量规	$\phi 4\ mm\times 90^\circ$	1
4	锪窝钻	$\phi 4\ mm\times 120^\circ$	1	8	窝量规	$\phi 4\ mm\times 120^\circ$	1
备注	铆工常用工具						

二、工艺分析

1.制铆钉窝工具

制铆钉窝工具——锪窝钻结构如图 2.2 所示。

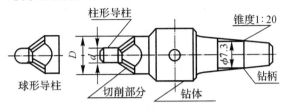

图 2.2　锪窝钻结构

2.制窝方法的选择

制窝有锪窝和压窝两种方法。其中压窝有在室温下压窝和将材料加热到一定温度时进行压窝两种方法,前者称为冷压窝,后者称为热压窝。产品图样应规定铆钉窝的制窝方法。一般按下列规定选择制窝方法。

(1)根据蒙皮和骨架的厚度确定制窝方法(见表 2.2)。

表 2.2　按蒙皮和骨架的厚度确定制窝方法　　　　　单位:mm

蒙皮厚度	骨架厚度	制窝方法	简　图
≤0.8	≤0.8	蒙皮、骨架均压窝	
	>0.8	蒙皮压窝、骨架锪窝	
>0.8	不限	蒙皮锪窝	

(2)如果蒙皮厚度不大于 0.8 mm,骨架为两层或两层以上,而每层厚度都不大于 0.8 mm,其总厚度又不小于 1.2 mm 且不能分别压窝,则采用蒙皮压窝、骨架锪窝的方法。

(3)挤压型材不允许压窝,只能锪窝。

(4)多层零件压窝一般应分别进行,当必须一起压窝时,其夹层厚度应不大于 1.6 mm。

(5)除在镁合金、钛及钛合金、超硬铝合金的零件上必须采用热压窝外,一般均采用冷压窝。

3.制铆钉窝的工艺要求

(1)制铆钉窝时,窝的角度必须与铆钉头的角度一致。

(2)蒙皮窝的深度应比铆钉头最小高度小 0.02～0.05 mm,用铆钉检查时,钉头相对零件凸出量为 0.02～0.1 mm。

（3）锪窝时，尽量保证锪窝钻的轴心线与孔的轴心线重合，以免出现偏窝的现象。

【相关专业知识】

一、制铆钉窝的作用

飞机的外形要求流线光滑，能减少飞行的阻力，提高飞行的速度，降低能量的消耗。因此，飞机外形表面紧固件的头部应与外形表面平齐，尽量采用沉头铆钉和沉头螺栓。

二、铆钉窝的种类

铆钉窝按角度分为国内常用 90°和 120°，国外常用 100°，如图 2.3 所示。

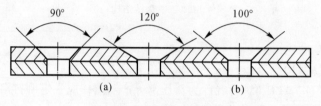

图 2.3　铆钉窝按角度分类

（a）国内常用；　（b）国外常用

三、制窝的工具

1.锪窝工具

（1）锪窝钻：主要由钻柄、钻体、切削部分和导杆（导柱）等部分组成，如图 2.2 所示。

锪窝钻按功用可分为蒙皮锪窝钻和骨架锪窝钻两种；按角度可分为 90°，100°，120°锪窝钻三种；按形式可分为锪窝钻和反锪窝钻两种；按使用对象不同可分为铆钉锪窝钻和螺栓锪窝钻两种。

（2）反锪窝钻：主要由刀头和导杆两部分组成，如图 2.4 所示。

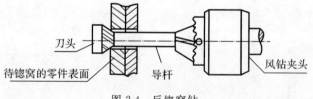

刀头　　待锪窝的零件表面　　导杆　　风钻夹头

图 2.4　反锪窝钻

反锪窝钻是采用快卸连接式连接的。反锪窝钻的切削刃正好与锪窝钻的切削刃相反。由于反锪窝钻的导杆和锪窝钻头部是可卸载结构，只要将导杆插入需锪窝的孔内，安上锪窝钻头部，将导杆夹紧在风钻的钻夹头上，开动风钻开关即可进行反锪窝。每锪一个窝都要将锪窝钻头卸下才能取出来，然后重新安放，生产效率较低。而且采用反锪窝钻锪窝时，不能采用锪窝限动器。窝的深度要经常进行检查，才能保证窝的质量。因此一般情况下尽量不采用反锪窝钻锪窝。

（3）锪窝限动器：主要由心轴、滑套、调节螺母、带有键槽及螺纹的衬套、带有键的滑套、滚珠、弹簧和导套等组成，如图 2.5 所示。调整这种锪窝限动器，只要向下移动带有键的滑套，调节螺母就可以改变锪窝的深度。

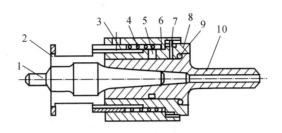

图 2.5 锪窝限动器

1—窝锪钻；2—调节螺母；3,5—螺钉；4—弹簧；6—调节圈；7—销子；8—滑套；9—滚珠；10—心轴

将锪窝限动器调整到所需锪窝深度(可试锪几个窝,用铆钉检验窝是否符合要求)。将锪窝限动器的轴装夹在风钻钻夹头内,右手握住风钻,左手握住导套。然后将锪窝钻的导杆插入孔内,开动风钻,将风钻往下压,使锪窝限动器的导套紧紧地贴合在蒙皮的表面,保证锪窝钻轴线与蒙皮表面垂直。否则就会形成偏心窝,使铆钉头与窝不吻合,铆接后铆钉头会在一边突出蒙皮表面。导套与蒙皮不能相对转动,否则容易划伤蒙皮表面。使用锪窝限动器锪窝时用力要均匀,不然会使锪出的窝有深有浅。

采用这种方法锪窝时,可以保证窝的深度、圆度及表面粗糙度,窝的质量稳定,生产效率较高,适应大面积的锪窝。因此,为了保证窝的深度,提高劳动生产率,采用锪窝限动器锪窝的方法较为可靠。

2.压窝工具

压窝一般分为冷压窝和热压窝。冷压窝是在室温下压窝,使用的工具一种是阳模和阴模,另一种是用铆钉在铆接时直接压窝。热压窝是将材料加热到一定温度,通过热压窝设备使窝加热成形。

四、制窝技术要求

(1)窝的角度应与铆钉头角度一致,有 90°,100° 和 120° 三种。其中 100° 为进口铆钉铆钉头角度。

(2)蒙皮上窝的深度应比铆钉头最小高度小 0.02～0.05 mm。

(3)蒙皮压窝、骨架锪窝时,骨架上窝的深度应比蒙皮上的深,骨架上的 90° 窝应加深 0.4δ,120° 窝应加深 0.15δ,其中 δ 为压窝层的总厚度。

(4)双面沉头铆接时,锪窝的镦头窝为 90°,其最小直径见表 2.3;压窝的镦头窝为 120°,其形式如图 2.6 所示。

(5)窝的圆度公差值为 0.2 mm,个别允许至 0.3 mm,但这种窝的数量应不大于铆钉排内窝数的 15%。

(6)窝的轴线应垂直于零件表面,并与孔的轴线一致(楔形件除外),窝的轴线倾斜和偏心所引起的铆钉头凸出量应符合各机型设计技术条件。

(7)锪窝的表面应光滑,不允许有棱角和划伤。

表 2.3　90° 镦头窝的最小直径　　　　　　　　　　　　　　　　单位:mm

铆钉直径	2.5	2.6	3.0	3.5	4.0	5.0	6.0	7.0	8.0
镦头窝最小直径	3.5	3.65	4.20	4.95	5.60	7.0	8.2	9.5	10.8

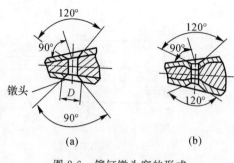

图 2.6 铆钉镦头窝的形式

(a)90°镦头窝； (b)120°镦头窝

(8)压窝附近的零件表面不允许有局部高低不平，从零件表面到钉窝表面的过渡应光滑，窝的轮廓线应清晰，扩孔到最后尺寸后，钉窝不允许有裂纹和破边。

(9)由于锪窝限动器和压窝器而造成零件表面的痕迹、凹陷、轻微机械损伤等的深度应不大于材料包覆层的厚度，这种窝的数量应不大于铆钉排内窝数的 3％。

目前使用 82°/30°双锥度沉头窝比较多。双锥度的优点在于既能保持必要的结合强度，又较易于填满沉头窝，对改善结构的疲劳性能和保证连接件本身的密封性有好处，且能减少所需的铆接力。有的国家曾使用 80°/20°的双锥度沉头窝做自封铆接实验。究竟什么角度最为合理呢？结合我国生产实际情况，还有待于从实际中去探索。从结构观点来看，双锥度比大角度单锥度要好些。同时，保证沉头窝在规定公差范围(一般不超过 0.2 mm)内很重要。若在非自动化机床上钻孔，应使用深度限制器。

五、锪窝工艺要求

(1)蒙皮锪窝时，窝锪钻导销的直径应与铆钉孔的直径相同。

(2)蒙皮压窝、骨架锪窝时，锪窝钻导销的直径与相应的压窝器导销的直径相同。这种锪窝钻一般称为骨架锪窝钻。

(3)锪窝钻直径与铆钉头直径的关系见表 2.4。

表 2.4 锪窝钻直径与铆钉头直径关系 单位：mm

沉头窝角度	90°							
铆钉直径	2.6	3.0	3.5	4.0	5.0	6.0	7.0	8.0
铆钉头直径	4.6	5.2	6.1	7.0	8.8	10.4	12.2	14.0
锪窝钻直径	4.7	5.3	6.2	7.1	8.9	10.5	12.3	14.1
沉头窝角度	120°							
铆钉直径	2.6	3.0	3.5	4.0	5.0	6.0		
铆钉头直径	5.35	6.1	6.9	7.8	9.5	11.5		
锪窝钻直径	5.45	6.2	7.0	7.9	9.6	11.6		

(4)在楔形件上锪窝时应当用带球形短导销的锪窝钻，并保证锪窝钻垂直于该点零件表面，如图 2.7 所示。

(5)在楔形件上进行双面沉头铆接时,铆钉沉头窝和镦头窝应间隔分布,如图 2.8 所示。

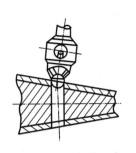

图 2.7　楔形件的锪窝

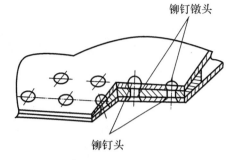

铆钉镦头

铆钉头

图 2.8　楔形件上沉头窝和镦头窝分布示意图

(6)当零件的楔形斜角 α 大于 10°时,应锪出放置铆钉头或镦头的端面窝,如图 2.9 所示,端面窝直径见表 2.5。

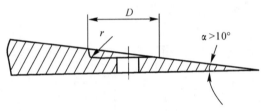

图 2.9　铆钉的端面窝

表 2.5　铆钉端面窝直径　　　　　　　　　　　　　单位:mm

铆钉直径	2.0	2.5	2.6	3.0	3.5	4.0	5.0	6.0	7.0	8.0	10.0
端面窝直径 D	8	12			14		18		20		22
转接半径 r	1.5								2.0		

(7)锪窝时一般应使用可调锪窝限动器,以便准确地控制窝的深度和窝的垂直度。

六、锪窝操作要点

(1)在锪窝过程中,风钻不能抖动,风钻的进给力要均匀,不要忽大忽小,否则易使锪窝深度不一致。

(2)用不带限动器的锪窝钻锪窝时,进给力要小,勤退锪窝钻,检查窝孔深度。

(3)对钢制零件和钛合金零件锪窝时,风钻速度要低。

(4)在复合材料上锪窝时,应先启动风钻,再进行零件锪窝,防止表层拉毛。

(5)锪窝时为了防止蒙皮表面产生痕迹,可采用下述方法:

1)采用锪窝限动器锪窝时可在蒙皮表面上涂防锈油,但不允许涂在已有最终表面涂层的表面上。

2)在蒙皮表面锪窝处垫上专用垫圈,如图 2.10 所示。

(6)锪窝前应在试片上试锪合格,然后在试片上锪出 5 个窝,由检验员用不少于 5 个同直径的铆钉或窝量规进行检查。

(7)用带锪窝限动器的锪窝钻在零件上锪窝时,也应先锪出 5 个窝,由检验员检查合格后方可锪所有窝。每锪 50～100 个窝,工人必须自检一次窝的质量。

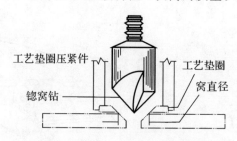

图 2.10 锪窝工艺垫圈的安装示意图

七、压窝工艺要求

压窝工艺过程:初钻孔(1)→去除孔边毛刺(2)→阳模导销插入零件孔中(3)→阳模、阴模压紧零件(4)→压窝(5)→将初孔扩至铆钉孔最后尺寸(6)(见图 2.11)。

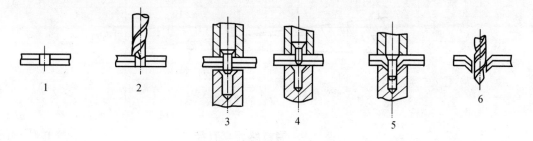

图 2.11 压窝工艺过程

1.窝的成形方法

(1)采用弯边工作原理进行压窝,其压窝器形式如图 2.12～图 2.14 所示。用这种方法压窝的缺点是压窝后板材有凸起现象,窝的周围易产生径向裂纹,压出的窝有些形状不够正确。

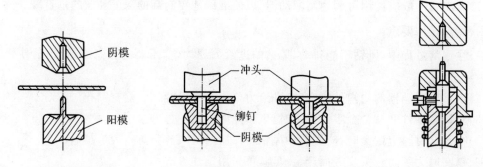

图 2.12 用阴、阳模压窝　　　图 2.13 用铆钉压窝　　　图 2.14 弯边型压窝器形式

(2)采用拉深工作原理进行压窝,其压窝器的形式如图 2.15 所示。

(3)采用弯曲压印工作原理进行压窝,其压窝器形式如图 2.16 所示。用这种方法压窝能获得良好的表面平滑度,但钉窝与板材表面转折处是应力集中点,与平滑转折曲面相比,强度有所降低。

(4)压窝力与铆钉直径有关。压窝材料为 LY12 - CZ,厚度为 0.5～0.8 mm 时,采用冷压窝所需的压窝力见表2.6。

表 2.6　压窝力与铆钉直径的关系示例

铆钉直径/mm	2.6	3.0	3.5	4.0	5.0
压窝力/kN	18.6	23.5	29.5	37.2	49.0

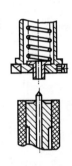 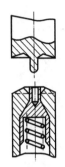

图 2.15　拉深型压窝器形式　　　图 2.16　弯曲压印型压窝器形式

2.热压窝加热方法

热压窝加热方法有电阻法和接触法两种。

(1)热压窝的温度与材料种类和热处理状态有关。

(2)热压窝的保持时间与材料种类、材料厚度、窝的形状和尺寸、设备有关,对于静压窝设备来讲,还与成形速度和成形压力有关。采用电阻加热法压窝的温度和时间规范见表2.7。

表 2.7　热压窝的温度和时间规范

材料牌号	厚度/mm	模具温度/℃		保持时间/s	预压力/MPa
		最　高	最　低		
LY12 - CZ	1.5	315	290	3	0.045
	1.2			3	
	0.8			2	
	1.5			5	
	1.2			4	
	0.8			3	
2024 - T3	1.0		288	1	
AU4G.1/A5 - T3	0.8		290	1	

(3)热压窝机示意图如图 2.17 所示。

3.压窝注意事项

(1)不允许将压好的窝翻过来重压。

(2)压窝器阴模工作部分的尺寸要考虑压窝零件厚度。

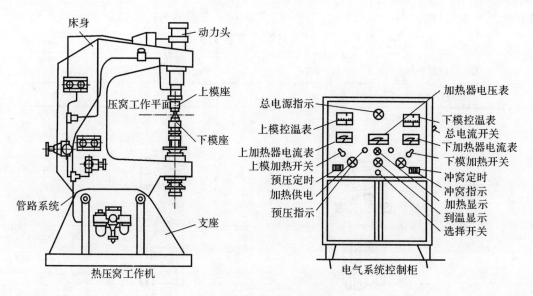

图 2.17　热压窝机示意图

（3）压窝零件厚度不大于 0.8 mm 时，均使用零件厚度为 0.8 mm 的阴模。压窝夹层厚度为 0.8～1.4 mm 时，均使用夹层厚度为 1.4 mm 的阴模。

（4）压窝时阴、阳模要对准，不允许空压。

（5）当改变压窝参数、材料及夹层厚度时，均应先在试片上至少压 5 个窝，并交检验员检查，合格后方能在产品零件上压窝。注意：压窝试片的材料、厚度、热处理状态、初孔直径应与所要压窝零件的一致。

（6）对产品零件进行压窝时，应每隔一段时间检查一次窝的周向裂纹、径向裂纹、同轴度等，如图 2.18 所示。

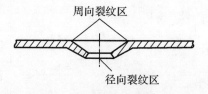

图 2.18　周向和径向的裂纹区

（7）在压窝零件上钻沉头铆钉孔时，应按表 2.8 先钻与压窝导销直径相同的初孔，压窝后再将孔扩至最后尺寸。

（8）试片弯曲试验时，其断口破坏的类型见表 2.9。

表 2.8　压窝器导销直径　　　　　　　　单位：mm

铆钉直径	2.0	2.5	2.6	3.0	3.5	4.0	5.0
压窝器导销直径	1.7	2.2		2.5		3.0	

表 2.9 试片断口类型

类型	简图	说明
合格	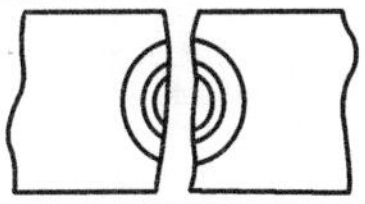	沿窝中心整齐断裂,无其他裂纹
	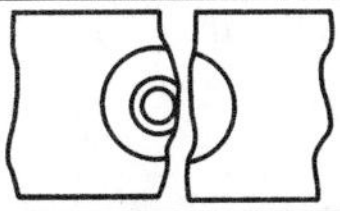	由于压窝顶杆挤压引起的周边环形断裂
	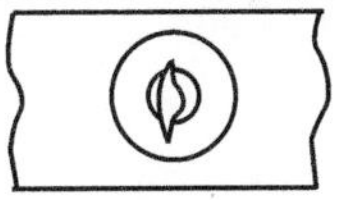	在窝内产生裂断
拒收	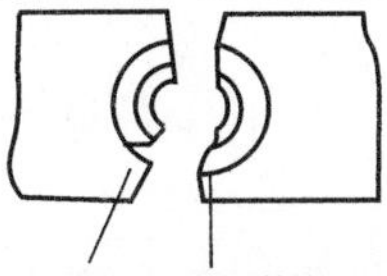 周向裂纹 径向裂纹	不规则的周向和径向裂纹
	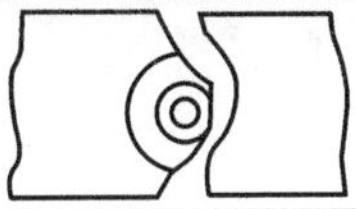	窝缘断裂

【任务实施】

一、准备工作

1.试板毛坯

检查毛坯尺寸:δ4 mm×122 mm×102 mm。材料:2A12T4。数量:1件。

2.工艺装备

Z801 风钻;ϕ3.6 mm,ϕ4.1 mm,ϕ8 mm 钻头;ϕ3.5 mm×90°,ϕ3.5 mm×120°,ϕ4 mm×90°,ϕ4 mm×120°锪窝钻。

二、制铆钉窝操作步骤

1.外形加工

用锉刀锉削或者用铣轮铣削毛坯材料外形至尺寸为(120 mm×100 mm)±0.5mm,四边垂直度为90°±30′,去除各棱边毛刺。

2.划线、制孔

依据图纸进行划线,以外形为基准左右对称划出边距10 mm、间距10 mm 孔位线,保证右边 ϕ4.1 mm 孔位 40 个,左边 ϕ3.6 mm 孔位 40 个,边距、间距合格,并去除孔口毛刺。

3.制铆钉窝

按照图样要求进行锪窝,操作中不断完善锪窝的操作方法,控制好窝的深度以及垂直度,避免出现偏窝、漏窝的现象。

(1)锪窝时,开始进刀量要小,并不断检查窝是否圆,有无棱角等缺陷,还要看锪窝钻是否与工作面垂直。

(2)加大进刀量,当锪窝至最后时,风钻的转速应忽高忽低、不断变换,同时要减少进刀量或不进刀,以减小窝的表面粗糙度 Ra 值。

(3)在锪窝过程中,发现窝边缘出棱时,即可得到满意的沉头窝。

4.检查窝质量

(1)窝凸出量的检查:将窝量规放入孔内,用三爪表测量量规端面相对于试板表面凸出量是否符合 0.02~0.1 mm 要求。

(2)垂直度检查:将窝量规放入孔内,用厚薄规测量窝量规锥面与窝锥面的单向间隙,不大于 0.05 mm。

(3)窝量规在孔内,目测观察窝的圆度,偏窝圆周面积不超过钉头圆周面积的 1/5。

(4)目测窝表面的质量,不允许有划伤、裂纹产生。

三、制铆钉窝注意事项

(1)制铆钉窝时,必须保证窝的角度与铆钉头的角度一致。

(2)制铆钉窝时,将锪窝钻的导杆在孔内上下左右处于孔中心位置后,合理控制锪窝钻的进刀量进行锪窝,初学者要不断地停止锪窝,检查窝的垂直度。

(3)当窝出现偏斜时,应在窝的深度没有成形之前就借正,否则将会产生偏窝的现象。

(4)操作者在进行锪窝时,风钻的垂直度要稳定控制,避免出现因晃动而造成窝不圆的情况。

(5)操作者要有认真、仔细以及耐心的学习态度。

【实施效果评价】

一、自检与评价

每位学生完成课题后,按照图样和评分标准认真检测课件是否符合要求,对不合格的铆钉窝做出自检标记。

二、质量分析

学生针对自己在加工中出现的质量问题做出原因分析,并提出纠正措施,指导教师对全部学生的课件进行检测,并做好检测记录。对于学生在操作过程中普遍存在的操作方法、检测方法、技术安全等方面的问题,分析产生错误的原因,提出纠正措施,避免类似的问题重复发生。

三、制铆钉窝操作评分表

制铆钉窝操作评分表见表 2.10。

表 2.10　制铆钉窝操作评分表

制铆钉窝操作评分表		图　号		考　号		总　分		
		MZ02						
序号	考核要求	配分 T	评分标准			检测工具	检测结果	扣分
			$\leq T$	$>T,\leq 2T$	$>2T$			
1	$\phi4$ mm×90°钉头凸出量 0.02~0.1 mm(20 个)	20	20	0	0	窝量规		
2	$\phi4$ mm×120°钉头凸出量 0.02~0.1 mm(20 个)	20	20	0	0	窝量规		
3	$\phi3.5$ mm×90°钉头凸出量 0.02~0.1 mm(20 个)	20	20	0	0	窝量规		
4	$\phi3.5$ mm×120°钉头凸出量 0.02~0.1 mm(20 个)	20	20	0	0	窝量规		

续 表

制铆钉窝操作评分表		图 号		考 号	总 分		
		MZ02					
序号	考核要求	配分 T	评分标准			检测工具	检测结果	扣分
			$\leqslant T$	$>T,\leqslant 2T$	$>2T$			
5	铆钉窝的单向间隙 $\leqslant 0.05$ mm(80 个)	10	10	0	0	厚薄规		
6	铆钉窝的圆度 <0.2 mm(80 个)	10	10	0	0	目测		
7	铆钉窝的表面质量问题每一处扣 0.5 分					目测		
8	技术安全与文明生产	违反有关规定扣总分 5～10 分				现场记录		
合 计		100 分						

检 测：　　　　　　　　年　月　日

【课后思考与练习】

(1)锪窝钻的组成和分类是什么？

(2)制窝的技术要求是什么？

(3)如图 2.19 所示，进行制铆钉窝训练。制铆钉窝操作训练评分表见表 2.11，技术要求如下：

1)外形尺寸、边距、间距公差为±0.5 mm。

2)制孔、锪窝按技术要求执行。

3)用铆钉检查锪窝的质量，要求钉头凸出量为 0.02～0.1 mm。

4)孔口、棱边去毛刺。

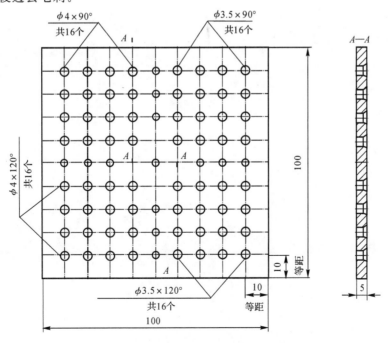

图 2.19　制铆钉窝训练

表 2.11 制铆钉窝操作训练评分表

制铆钉窝操作训练评分表		图 号		考 号		总 分		
序号	考核要求	配分 T	评分标准			检测工具	检测结果	扣分
			$\leqslant T$	$>T,\leqslant 2T$	$>2T$			
1	铆钉检查钉头凸出量 0.02～0.1 mm $\phi 4$ mm×90°(16个)	25	25	0	0	铆钉		
2	铆钉检查钉头凸出量 0.02～0.1 mm $\phi 4$ mm×120°(16个)	25	25	0	0	铆钉		
3	铆钉检查钉头凸出量 0.02～0.1 mm $\phi 3.5$ mm×90°(16个)	25	25	0	0	铆钉		
4	铆钉检查钉头凸出量 0.02～0.1 mm $\phi 3.5$ mm×120°(16个)	25	25	0	0	铆钉		
5	表面质量：表面有划伤、撞伤酌情扣1～4分							
6	外观及未注尺寸	畸形、未加工完等扣总分5～10分 每超差一处扣1分				卡尺、目测		
7	技术安全与文明生产	违反有关规定扣总分5～10分				现场记录		
合　计		100 分						

复核人员	检 测 人 员		
	签　字	检测项目序号	

项目课题 3　普 通 铆 接

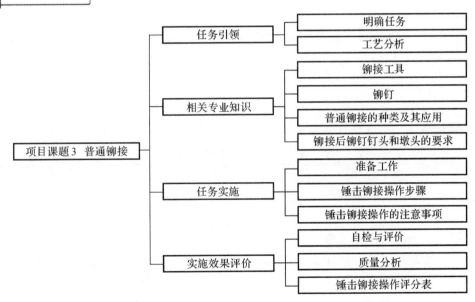

【任务引领】

一、明确任务

1.普通铆接

在 $\delta2\ mm\times120\ mm\times100\ mm$ 的材料上按照图样(见图 3.1)的要求进行各种铆钉的锤击
铆接。

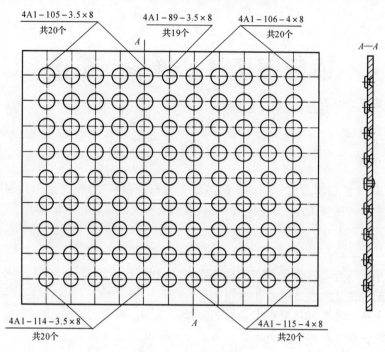

图 3.1　锤击铆接零件

2.技术要求

(1)沉头铆钉的钉头凸出量为 0.02～0.05 mm。

(2)铆钉镦头呈鼓形。

(3)铆钉钉头的单向间隙≤0.05 mm。

(4)钉头表面无机械损伤。

3.普通铆接工量刀具清单

普通铆接工量刀具清单见表 3.1。

表 3.1　普通铆接工量刀具清单

普通铆接工量刀具清单			毛坯 δ2 mm×120 mm× 100 mm		材料 2A12T4	数量 2	图号 MZ03
序号	名　称	规　格	数量	序号	名　称	规　格	数量
1	风钻	Z601	1	8	平锉刀	200 mm	1
2	风钻	Z801	1	9	钢板尺	150 mm	1
3	锪窝钻	ϕ3.5 mm×90°	1	10	铅笔	2B	1
4	锪窝钻	ϕ3.5 mm×120°	1	11	铆枪	M301	1
5	锪窝钻	ϕ4 mm×90°	1	12	平窝头		1
6	锪窝钻	ϕ4 mm×120°	1	13	半圆窝头	ϕ3.5 mm	1
7	钻头	ϕ3.6 mm,ϕ4.1 mm, ϕ8 mm	各 1	14	顶铁	120 mm× 60 mm×40 mm	1
备注	铆工常用工具及各种铆钉若干						

二、工艺分析

(1)锤击铆接的关键是保证沉头铆钉铆后钉头的凸出量及镦头的形状和高度。

(2)锤击铆接根据窝头作用于铆钉位置的不同分为正铆和反铆,窝头作用在钉杆上为正铆,窝头作用在钉头上为反铆。

(3)铆接的工艺过程。

1)半圆头铆钉铆接过程:定位夹紧→确定孔位→制孔→去毛刺、清理切屑→放铆钉→施铆→防腐处理。

2)沉头铆钉铆接过程:定位夹紧→确定孔位→制孔→锪窝→去毛刺、清理切屑→放铆钉→施铆→防腐处理。

(4)锤击铆接的顺序。铆接前定位铆孔时,必须按照一定的顺序进行,避免引起表面鼓动、波纹。一般情况下定位的顺序有中心法和边缘法(见图 3.2)。

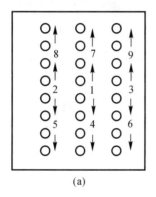
(a)

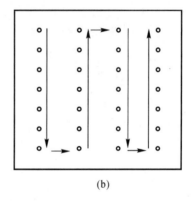
(b)

图 3.2　锤击铆接顺序

(a)中心法；　(b)边缘法

【相关专业知识】

铆接通常分为普通铆接、密封铆接和特种铆接三大类。普通铆接是在飞机部件装配中最常用的基本方法,要求全面掌握、熟练应用。

一、铆接工具

铆接常用工具有铆枪、冲头(铆卡或窝头)、顶把等。

1.铆枪

目前在国内生产中,广泛地采用各种形式的铆枪。铆枪的形式、尺寸种类繁多,现在正向着结构质量轻、功率大、尺寸小,便于在各种飞机结构内工作的方向发展。

(1)铆枪的工作原理。各类型铆枪的结构和工作原理大同小异,现在以手枪式铆枪为例,介绍铆枪的结构(见图 3.3)和工作原理。

压缩空气经调气阀进入气道口,在按动按钮后,气体经气道 17→18→19 由气道 1 和 16 进入铆枪右腔(左、右腔以活塞为界)。左腔的气体经气道 2→3→4→5 由孔 15 和 16 排入大气。由于右腔压力高,左腔与大气接通,所以,活塞左行打击冲头。

活塞左行,将孔 7 堵上,使气道 10 压力升高,推动活动阀右行,使气路改变。一路气体经气道 12→13→14→11 由气道 2 进入左腔。右腔的气体由孔 6 排入大气,这样,活塞右行。

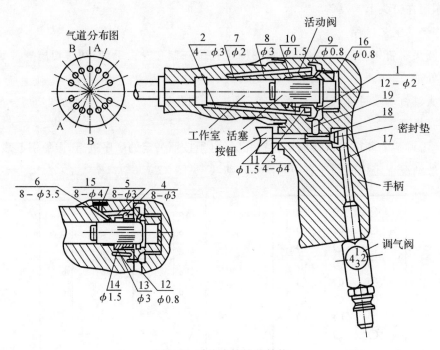

图 3.3　手枪式铆枪的结构

当活塞右行到活动阀孔中时,以一定的速度向右行的活塞压缩右腔中的气体,随着右腔气体体积的减小和活塞速度的降低,使右腔气体压力升高,此高压气体作用在活动阀右端环形面上,推动活动阀左行,回复到工作行程的起始位置。

这样,活塞、活动阀又处于工作行程状态,进行一次新的冲击。如此反复循环,即可完成快速打击的动作。

(2)铆枪的选择。选择铆枪要根据铆钉的材料和直径、产品结构形式、铆接通路开敞性等进行选择。铆枪锤击功和铆钉直径的关系见表 3.2,当铆接件厚度大于铆钉直径 3～4 倍时,若采用反铆,应选用锤击功比表 3.2 所列数值大一级的铆枪。

表 3.2　铆枪锤击功和铆钉直径的关系表

铆钉直径/mm	硬　铝	2.0～3.0	3.5～5.0	5.0～6.0	7.0～8.0
	钢	—	3.5	4.0～5.0	—
每次锤击功/J		0.5～1.0	2.0～3.0	5.0～7.0	8.0～10.0

(3)铆枪的操作方法。

1)在使用铆枪时,右手握住铆枪的手柄,左手把稳铆卡,身体稍向前倾,左腿在前,右腿在后,铆前可轻轻按动扳机,试探对方是否做好准备。从撞击声音可以判断对方是否顶好,确认顶好后则可开动扳机进行铆接。掌握铆枪要对准方向,使铆卡垂直于铆接零件表面,以免压伤或打歪铆钉。

2)当握准铆枪时,铆卡要顶住铆接零件,撞击时不能使铆卡上下左右滑动。冲击力中心线与铆接中心线应重合,否则会降低铆钉镦头质量,加长铆接时间,引起铆接零件变形。

3)铆接零件之间有间隙要清除时,可先轻轻打一下,使铆钉杆初步镦粗。方法是顶把紧贴着铆钉杆根部,铆枪在钉头表面轻轻打一下,间隙清除后再进行铆接。

(4)铆枪的维护。铆枪缸体应有良好的润滑,操作前应从铆枪进气接嘴注入少量黏度小的润滑油或定子油,保持运动灵活。进入铆枪的压缩空气要干净,保证铆枪内各气孔畅通,工作压力不低于 0.5 MPa,否则达不到铆接最大直径的铆钉所需的冲击力。使用时禁止不插入冲头空打铆枪,以免损坏枪口衬套。铆枪使用半年后,卸掉枪筒部分进行清洗,去除小孔中的污物,如有条件应送维修单位定期检修。

2.冲头

(1)冲头的功用。冲头是装在铆枪筒内的不可缺少的铆接工具,用它来传递活塞的冲击力,打击铆钉,以使铆钉冷塑变形而形成镦头,完成铆接工作。

冲头由尾杆(套入铆枪筒内的部分)和工作部分组成。工作部分的尺寸和形状,取决于铆钉形状、铆接件的构造及铆接方法。尾杆直径和长度与铆枪的枪筒尺寸相一致,一般孔轴配合,按 H9/f9 精度配合即可,以保证冲头与枪筒之间无明显漏气,否则影响效率。冲头的质量不宜过大,质量过大会消耗撞击功率。大部分冲头的尾杆直径为 $\phi10f9$,冲头尾杆长度有 3 种:$L=22$ mm,$L=32$ mm,$L=36$ mm。另外还有一种尾杆直径为 $\phi14f9$ 的冲头,其尾杆长度 $L=46$ mm,但不常用。

(2)冲头的材料。冲头应选用低碳合金钢渗碳淬火,硬度在 48～52 HRC 即可,这种材料价格较贵。用普通碳素工具钢淬火,使用久了容易疲劳折断,打伤铆接零件。

(3)冲头的选择。冲头按铆接方法可分为两种:一种是正铆法使用的冲头,一种是反铆法使用的冲头。

正铆用的冲头结构如图 3.4 所示。冲头工作面有个小缺口,这主要是当消除铆接间隙时,用冲头工作面顶住零件,缺口处可使铆钉杆露出,轻铆一下就可消除铆钉周围的间隙。

反铆用的冲头结构如图 3.5 所示。图中冲头上的护套是为了保护铆接零件表面,以免铆枪拿得不正确啃伤零件表面。

(4)半圆头或扁圆头的冲头。为适应半圆头和扁圆头铆钉的铆接,冲头的工作表面也要相应设计成半圆头或扁圆头,其工作表面的半径应比铆钉头的半径稍大一些。一般 $R=r+0.1d$,式中 R 为冲头工作表面凹表面半径,r 为铆钉头半径,d 为铆钉杆直径。

(5)冲头的使用。在铆接时,使用冲头应注意下面几个问题:

1)使用冲头时,要注意检查冲头与铆枪筒的直径和长度应一致,不一致则不能使用。

2)冲头尾杆要光滑,孔轴配合应符合规定。尾杆部分锈蚀等缺陷应予以排除。

3)冲头的工作表面要光滑,不得有锈蚀凹凸现象。埋头铆钉用平头冲头,选用半圆头或平头铆钉的冲头时,要注意冲头窝深尺寸应与铆钉头部尺寸、形状相符合,不能相互代用。

4)冲头质量与铆枪中活塞质量相等为最佳。但由于结构形状要求,冲头设计一般较活塞重些。冲头过重时,撞击效率低,这时应更换较大功率的铆枪。

5)为保证铆接零件表面的光滑质量,铆接时冲头与铆钉之间应用玻璃纸或塑料布隔垫,保护钉头与工作表面,以免打伤铆钉和零件表面。

6)采用正铆法时,只能选用正铆冲头;采用反铆法时,只能选用反铆冲头。二者不能互相代替。

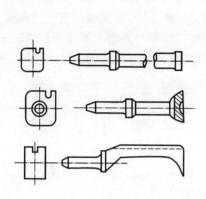

图 3.4 正铆用冲头

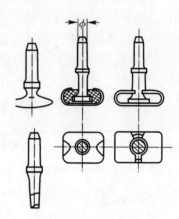

图 3.5 反铆用冲头

3.顶把

(1)顶把的用途。顶把是铆接中的主要工具之一,使用铆枪离不开顶把,铆接时依靠顶把重力所产生的反作用力与铆枪的冲击力平衡,而使得铆钉杆镦粗形成镦头。

(2)顶把的质量。铆接的方法不同,所用顶把的质量也不同,正铆用的顶把质量大,反铆用的顶把质量较正铆用的顶把轻。正铆和反铆的顶把质量可按表3.3所列进行选择。

表 3.3 顶把的质量选择

铆接方式	铆钉材料	铆钉直径/mm	2.5	3	3.5	4	5	6	8
反铆法	铝合金	选用顶把质量/kg	1.35	1.5	1.75	2.0	2.5	3.0	4.0
	钢		2.5	3	3.5	4	5	6	8
正铆法	/	选用顶把质量/kg	5.0	6.0	7.0	8.0	10	12	16

除按表3.3选择顶把的质量,也可以按下列公式计算:

$$m = KD$$

式中 m——顶把质量,kg;

　　　K——顶把质量系数,kg/mm,顶把质量系数 K 值见表3.4;

　　　D——铆钉直径,mm。

表 3.4　顶把质量系数值 K　　　　单位:kg/mm

铆钉材料	铆接方式	K
铝合金	反铆	0.2~0.4
	正铆	0.5~0.7
铜	反铆	0.4~0.6
	正铆	0.8~1.0

(3)顶把的形状。顶把的形状多种多样,以适应结构件的铆接通路需要。顶把的工作表面粗糙度要求较高,一般 $Ra=1.6\ \mu m$。一般铆接结构都可以使用的顶把,称为通用顶把,如图 3.6 所示。

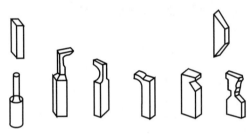

图 3.6　通用顶把

在铆接装配件形状复杂,铆接通路困难时,设计专用顶把才能满足铆接通路需要。专用顶把的形状一般奇形怪状、大小不一且各式各样。它不能完全符合顶把的理论质量的要求,主要满足形状和通路的要求,图 3.7 所示为几例专用顶把。

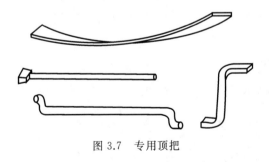

图 3.7　专用顶把

(4)顶把的操作要领。

1)根据铆钉的材料和直径,选择合适质量的顶把。根据铆接通路选择合适形状的顶把。

2)手握顶把时,应注意使顶把的工作表面垂直于铆钉钉杆,以保证不碰伤零件或将镦头打歪。

3)手握顶把不要太紧,但应保持在原地方随活塞撞击频率跳动。

4)铆接时,握顶把应与铆枪的锤击密切配合,要求不能空打铆枪,以免铆接件变形。顶把与产品之间垫上玻璃纸或透明塑料布,以保证产品表面光滑。

二、铆钉

按铆钉结构和使用条件的不同,铆钉可分为普通铆钉和特种铆钉两大类。这里主要介绍航空工业标准中的普通铆钉的种类、材料和标志。

1.普通铆钉的分类

普通铆钉分为半圆头、平锥头、90°沉头、120°沉头和大扁圆头铆钉等,还有一种从国外引进的100°沉头铆钉。普通铆钉的种类、标准代号、形状、主要尺寸及极限偏差见表3.5。

2.铆钉代号示例及标志

(1)铆钉代号示例:

3×8　HB 6229

解释　3:铆钉直径,mm。8:铆钉杆长度,mm。HB:航空标准。6229:代号,代表名称、材料、限用直径(见表3.6)、一般用途。

(2)材料标记、热处理及表面处理。

1)铆钉材料标记的形式见表3.7。标记一般是凸的,但半圆头、大扁圆头及车制铆钉允许是凹的。

2)铆钉的热处理及表面处理要求见表3.8。

3.铆钉长度选择概述

铆钉长度的选择应根据铆钉直径、铆接件的总厚度和铆接形式确定,通常情况下在产品图样上注明铆钉的规格。合适的铆钉长度是保证铆接质量的前提,铆钉短会造成镦头偏小,达不到预计的连接强度;反之,铆钉过长会造成铆接缺陷,同样影响连接强度。影响选择铆钉长度的因素很多,在生产中允许根据实际情况选择铆钉长度。国外有些产品图样上就不注明铆钉长度,而是由工人确定,以保证镦头尺寸符合要求为原则。因此,学会选择铆钉长度是铆工的最基本要求。

铆钉长度计算有如下几种方法。

(1)按公式计算铆钉长度(见图3.8),有

$$L = d_1 + \frac{d_0^2}{d_1^2} \times \sum \delta$$

式中　L——铆钉长度,mm;

　　d_0——铆钉孔最大直径,mm;

　　d_1——铆钉最小直径,mm;

　　$\sum \delta$——铆接件夹层总厚度,mm。

表 3.5 普通铆钉

单位:mm

铆钉名称	铆钉代号	简图	d	2	2.5	3	3.5	4	5	6	8	10
			极限偏差			+0.10 0					+0.15 0	
半圆头铆钉	HB 6229~ HB 6238—2002		D	3.5	4.6	5.3	6.3	7.1	8.8	11	14	17
			极限偏差		±0.24			±0.29			±0.35	
			H	1.2	1.6	1.8	2.1	2.4	3	3.6	4.8	6
			极限偏差			±0.20				±0.24		
平锥头铆钉	HB 6297~ HB 6303—2002		D	3.6	4.5	5.4	6.3	7.2	9	10.8	14.4	18
			极限偏差		±0.24			±0.29			±0.35	
			H	1	1.3	1.5	1.8	2	2.5	3	4	5
			极限偏差			±0.20				±0.24		
90°沉头铆钉	HB 6304~ HB 6313—2002		D	3.9	4.6	5.2	6.1	7	8.8	10.4	14	17.6
			极限偏差		±0.10			±0.20				
			H	1	1.1	1.2	1.4	1.6	2	2.4	3.2	4

— 35 —

续表

铆钉名称	铆钉代号	简图	d	2	2.5	3	3.5	4	5	6	8	10
			极限偏差	+0.10 0					+0.15 0			
120°沉头铆钉	HB 6315～ HB 6319—2002	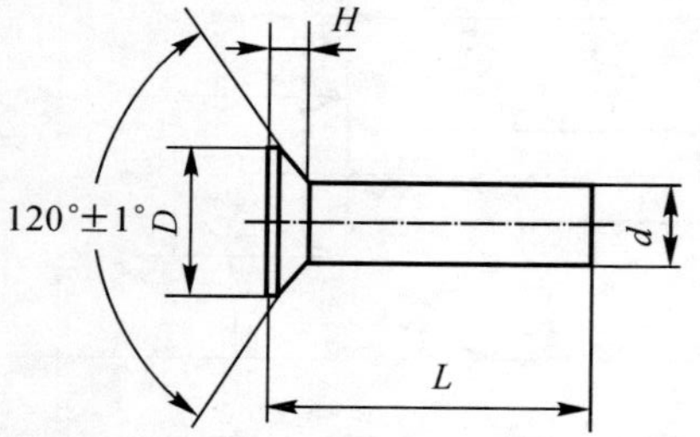	D	4.6	5.2	6.1	6.9	7.8	9.5	11.5	15.6	
			极限偏差	±0.17								
			H	0.8	0.9	1	1.1	1.2	1.4	1.7	2.3	
大扁圆头铆钉	HB 6323～ HB 6328—2002	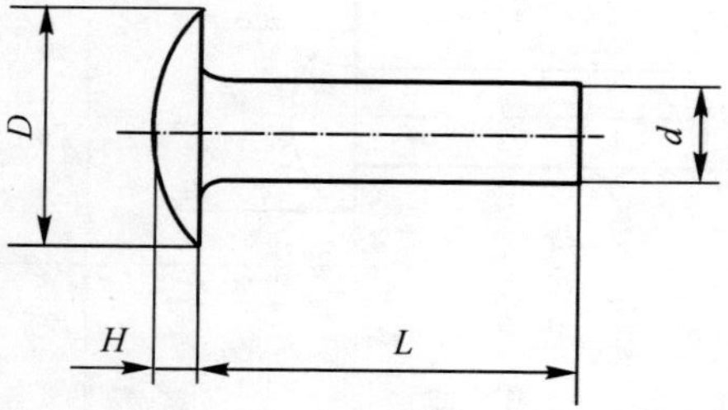	D	4.8	6.3	7.2	8.5	9.6	12.1	14.5	19.5	
			极限偏差	±0.24	±0.29			±0.35		±0.42		
			H	0.9	1.2	1.4	1.7	1.9	2.4	2.8	3.9	
			极限偏差	±0.10	±0.20					±0.24		

表 3.6　普通铆钉的材料及限用直径

名　称	代　号	材　料	限用直径/mm	代号示例:直径为 4 mm,长度为 10 mm
半圆头铆钉	HB 6229	L4	1~6	HB 6229 - 4×10
	HB 6230	LY1	2~6	HB 6230 - 4×10
	HB 6231	LY10	2.5~10	HB 6231 - 4×10
	HB 6232	LF10	2~10	HB 6232 - 4×10
	HB 6233	LF21	2~6	HB 6233 - 4×10
	HB 6234	ML18	2~10	HB 6234 - 4×10
	HB 6235	ML20MnA	3~10	HB 6235 - 4×10
	HB 6236	1Cr18Ni9Ti	2~6	HB 6236 - 4×10
	HB 6237	H62	1~4	HB 6237 - 4×10
	HB 6238	H62 防磁	1~4	HB 6238 - 4×10
平锥头铆钉	HB 6297	LY1	2~6	HB 6297 - 4×10
	HB 6298	LY10	2.5~10	HB 6298 - 4×10
	HB 6299	LF10	2~10	HB 6299 - 4×10
	HB 6300	LF21	2~6	HB 6230 - 4×10
	HB 6301	ML18	2~10	HB 6301 - 4×10
	HB 6302	ML20MnA	3~10	HB 6302 - 4×10
	HB 6303	1Cr18Ni9Ti	2~6	HB 6303 - 4×10
90°沉头铆钉	HB 6304	L4	1~6	HB 6304 - 4×10
	HB 6305	LY1	1.4~6	HB 6305 - 4×10
	HB 6306	LY10	2.5~10	HB 6306 - 4×10
	HB 6307	LF10	2~8	HB 6307 - 4×10
	HB 6308	LF21	2~6	HB 6308 - 4×10
	HB 6309	ML18	1~10	HB 6309 - 4×10
	HB 6310	ML20MnA	3~10	HB 6310 - 4×10
	HB 6311	1Cr18Ni9Ti	2~6	HB 6311 - 4×10
	HB 6312	H62	1~4	HB 6312 - 4×10
	HB 6313	H62 防磁	1~4	HB 6313 - 4×10

续 表

名 称	代 号	材 料	限用直径/mm	代号示例：直径为 4 mm，长度为 10 mm
120°沉头铆钉	HB 6315	LY1	2.5～6	HB 6315 - 4×10
	HB 6316	LY10	2～8	HB 6316 - 4×10
	HB 6317	LF10	2.5～4	HB 6317 - 4×10
	HB 6318	ML18	2～8	HB 6318 - 4×10
	HB 6319	1Cr18Ni9Ti	2～6	HB 6319 - 4×10
大扁圆头铆钉	HB 6323	LY1	2～6	HB 6323 - 4×10
	HB 6324	LY10	2.5～8	HB 6324 - 4×10
	HB 6325	LF10	2～8	HB 6325 - 4×10
	HB 6326	LF21	2～6	HB 6326 - 4×10
	HB 6327	ML18	2～8	HB 6327 - 4×10
	HB 6328	1Cr18Ni9Ti	2～6	HB 6328 - 4×10

表 3.7　铆钉材料标记

材料	2A01	2A10	5B05	3A21	1035	ML20MnA	ML18	1Cr18Ni9Ti	H62
标志	⊙	○	⊙⊙	⊙⊙⊙	⊖	⊙	○	○	○

表 3.8　铆钉的热处理及表面处理

材 料	1035	2A01 2A10	5B05	3A21	ML18	ML20MnA	1Cr18Ni9Ti	H62	H62 防磁
热处理		淬火及时效	退火		回火	淬火后回火	淬火	退火	
表面处理		化学氧化				镀锌钝化		钝化	

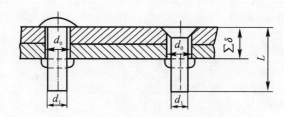

图 3.8　标准墩头的铆钉长度示意图

（2）按经验公式计算（见表 3.9）。

表 3.9　铆钉长度计算公式　　　　　　　　　　　　　　　　　单位：mm

铆钉直径 d	2.5	3.0	3.5	4.0	5.0	6.0	7.0	8.0
铆钉长度 L	$\sum\delta + 1.4d$		$\sum\delta + 1.3d$		$\sum\delta + 1.2d$		$\sum\delta + 1.1d$	

（3）查表法（见表 3.10）。

表 3.10　铆钉长度的选择

$\sum\delta$ \ d	2	2.5	3	3.5	4	5	6	7	8	10
1	4	4	5		6					
2	5	5	6	6	7	8				
3	6	6	7	7	8	9	10			
4	7	7	8	8	9	10	11	12		
5	8	8	9	9	10	11	12	13	14	
6	9	9	10	10	11	12	13	14	15	
7	10	10	11	11	12	13	14	15	16	18
8	11	11	12	12	13	14	15	16	17	19
9	12	12	13	13	14	15	16	17	18	20
10	13	13	14	14	15	16	17	18	19	22
11	14	14	15	15	16	17	18	19	20	
12	15	15	16	16	17	18	19	20	22	24
13	16	16	17	17	18	19	20	22		
14		17	18	18	19	20	22		24	26
15		18	19	19	20	22		24		
16		19	20	20	22		24		26	28
17		20	22	22		24		26		
18					24		26		28	30
19			24	24		26		28		
20					26		28		30	32
21				26		28		30		
22					28		30		32	34
23				28		30		32		
24					30		32		34	36
25						32		34		
26					32		34		36	38
27						34		36		
28							36		38	40
29						36		38		
30							38		40	42
31						38		40		
32							40		42	44
33						40		42		
34									44	46
35								44		
36									46	48
37								46		
38									48	50
39								48		
40									50	52
41								50		
42										54
43										
44										56
45										
46										58
47										
48										60

（4）压窝件标准镦头的铆钉长度（见图 3.9）可按下列经验公式计算：

$$L = \sum \delta + \delta_1 + 1.3d$$

式中　L—— 铆钉长度，mm；

　　　$\sum \delta$—— 铆接件夹层厚度，mm；

　　　δ_1—— 表面压窝层的厚度，mm；

　　　d—— 铆钉直径，mm。

（5）双面沉头铆接的铆钉长度（见图 3.10）可按下列经验公式计算：

$$L = \sum \delta + (0.6 \sim 0.8)d$$

式中　　　L—— 铆钉长度，mm；

　　　　　$\sum \delta$—— 铆接件夹层厚度，mm；

　　　　　d—— 铆钉直径，mm；

$0.6 \sim 0.8$—— 系数，一般情况选较小值 0.6，铆钉材料比被连接件材料的强度高或被连接件厚而铆钉直径较小时，选较大值 0.8。

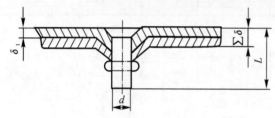

图 3.9　压窝件标准镦头的铆钉长度示意图

有补加工的铆钉

图 3.10　双面沉头铆接的铆钉长度示意图

三、普通铆接的种类及其应用

1. 手铆

手铆：用顶把顶住铆钉头，窝头顶住铆钉杆，借助手锤的敲击力而形成镦头的过程。其特点是工具简单、操作方便，但效率低。

2. 压铆

压铆：铆钉镦头是在压铆机静力作用下形成的，是铆接装配中机械化程度最高的一种铆接方法。压铆主要用于平面结构或曲度不大的组合件和钣件。

3. 锤击铆接

锤击铆接（又称冲击铆接）：锤击铆接是指在铆接过程中，由于铆枪（或榔头）锤击冲头，冲头锤击铆钉，产生的间歇冲击力和顶把的反作用力作用，致使铆钉杆镦粗而形成镦头的铆接方法。此方法是目前飞机部件装配中普遍应用的铆接方法。铆枪（或榔头）的冲击力使铆钉杆变形，这种冲击力实质上是铆枪中的活塞（或榔头）的惯性力。铆枪上的活塞（或榔头）锤击冲头，冲头以相当大的速度锤击到铆钉上。由于加速度很大，所以这个力在极短时间内可达到数千牛，从而使顶杆镦粗成形。典型的普通铆接过程见表 3.11。

（1）零件的夹紧与铆钉孔位的确定。

1）铆钉孔的位置应按产品图样上标注的铆钉位置确定，铆钉孔的边距、间距、排距均应符合图样中的规定。确定铆钉位置的 3 个参数是边距（铆钉孔中心线与所在零件边缘的距离）、间距（两个相邻铆钉孔中心线之间的距离）和排距（两排相邻铆钉孔中心线之间的距离）。其中边距的尺寸保证是首要的,也是决定其余两个参数的重要条件。铆钉孔的边距、间距、排距的极限偏差见表3.12。

表 3.11 普通铆接过程及工序内容

序号	工艺过程	工序内容	工艺方法	附注
1	零件的定位与夹紧	零件定位	1.按划线; 2.按装配孔; 3.按基准零件或已装零件; 4.按装配夹具	有些零件需要修合
		零件夹紧	1.用弓形夹或手虎钳; 2.用定位销; 3.用工艺螺栓; 4.用工艺铆钉; 5.用夹具压紧件; 6.用橡皮绳等	
2	确定孔位	在铆缝上排铆钉孔	1.按划线; 2.按导孔; 3.按冲点; 4.按专用样板; 5.按钻模	1.画出位置; 2.直接钻孔
3	制孔	钻孔	1.用风钻; 2.用台钻、摇臂钻等; 3.在自动钻铆机上钻孔	
		冲孔	1.手动冲孔钳; 2.手提式冲孔机; 3.台式冲孔机	
		铰孔	1.手铰; 2.风钻铰孔(用通用手铰刀)	
4	制窝	锪窝	1.钻孔后单独锪窝; 2.钻孔的同时锪窝	
		压窝	冷压窝: 1.用手打冲窝器; 2.用压窝钳; 3.用压窝机; 4.用压铆机; 5.用铆钉头	通过阴、阳压窝模压窝,其中用铆钉头压窝是以铆钉头作阳模
			热压窝:用专用热压窝机	

续 表

序号	工艺过程	工序内容	工艺方法	附 注
5	去毛刺和清除切屑	去除钻孔产生的毛刺	1.用大直径钻头；2.用专用倒角锪钻；3.用薄金属板	有条件的应优先采用分解零件去除零件上孔两边缘的毛刺和清除夹层间的金属切屑
		去除夹层间的切屑	1.分解零件进行清理；2.用薄金属板或非金属刮板进行清理	
6	放铆钉	往铆钉孔内安放铆钉		
7	施铆	按一定顺序进行铆接		
8	涂漆	在铆钉镦头上、镁合金零件孔内涂漆		

表 3.12 铆钉孔位置尺寸的极限偏差 单位：mm

边距极限偏差	间距极限偏差		排距极限偏差
	间距≤30	间距>30	
+2.0 −1.0	±1.5	±2.0	±1.0

2）当产品图样上未给出铆钉最小边距要求时，铆钉孔边距应不小于铆钉直径的 2 倍。

3）铆钉排最后一个间距不允许大于图样上规定间距或小于规定间距的 50%。若不能满足要求，将最后两个间距等分，等分后该间距不应小于铆钉直径的 3 倍。

4）铆钉排的实际铆钉数不允许少于产品图样上规定的数量。

5）铆钉孔边缘不应进入板弯件和型材件圆角内，且保证铆钉头不搭在圆角上，如图 3.11 所示。

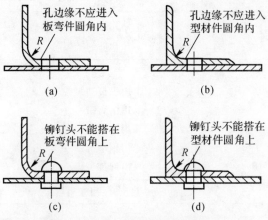

图 3.11 铆钉孔和铆钉头的位置

(a)(b)铆钉孔的位置； (c)(d)铆钉头的位置

6)确定孔位时应注意下述问题：①用笔划线时，在铝合金零件上使用 B～4B 铅笔，在镁合金零件上使用不含石墨的特种铅笔。②按样板或钻模确定孔位时，应注意其定位基准的选择。使用时应注意检查铆钉的边距。③为了保证最小边距能满足产品图样的要求，划线时应注意焊缝、下陷和零件搭接的位置。④对于有协调要求的线条应先划，孔的位置线要划在零件有钻孔通路的一侧。⑤如果由于结构装配连接件的需要，在下道工序中与其他零件连接时，则此道工序中暂不划线钻孔，留出孔位，做好标记待下道工序再划线钻孔。⑥划线要清楚，无用的线条要擦掉。⑦划线后要检查，确认无误后，再进行钻孔。钻第一个孔时要细心，发现问题及时纠正。

（2）正铆法和反铆法。根据铆接时锤击铆钉位置的不同，可将锤击铆接分为正铆法和反铆法两种。

1)正铆法。铆枪的冲击力直接作用在铆钉杆上，另一端有顶把支撑在铆钉头上，产生反作用力，而使铆钉杆形成镦头，这种铆接方法称为正铆法，如图 3.12 所示。

2)反铆法。铆枪的冲击力作用位置与正铆法相反，冲击力作用在铆钉头部，而顶把的反作用力使铆钉杆变形，形成镦头，这种铆接方法称为反铆法。

正铆法和反铆法的铆接工序归纳起来大致相同，其铆接的基本工序均是定孔位、钻孔、锪窝（埋头铆钉锪窝）、铆接。

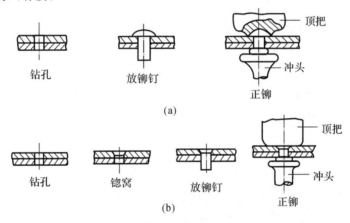

图 3.12　正铆法基本工序

(a)半圆头铆钉正铆法基本工序；　(b)埋头铆钉正铆法基本工序

3)正铆法和反铆法的特点。

正铆法具有以下特点：①正铆法撞击时，因冲击力直接作用于铆钉杆上，在铆钉杆变形到一定程度后，铆接件才开始吸收撞击能量，所以铆接件变形小，表面质量好。②铆钉镦头的形成速度快，效率高，应用较广。③正铆可以铆接较厚的铆接件。④正铆法所用的顶把较重，质量约为反铆用顶把的 4 倍；同时为防止铆钉头部与蒙皮之间及蒙皮与骨架之间产生间隙，铆接时还要给予较大的顶紧力，因此劳动强度大。⑤正铆法应用范围受结构件的铆接通路限制，对于内部空间小的结构件，不能放入铆枪或较大顶把，因此，正铆法适用于开敞性好、厚蒙皮且多层结构埋头铆钉的铆接。

反铆法具有以下特点：①反铆法的应用广泛，能铆接通过通路差的结构件。②反铆所用的顶把比正铆用的顶把轻，便于操作。③反铆时因铆枪的冲击力直接作用在铆钉头部，起到自动压紧铆接件的作用，可减少薄壁结构件正铆时容易产生夹层间隙的缺陷。④反铆时冲击力打在铆钉头上,使冲击力产生的能量有一部分从铆钉头部传到铆接件上,结构越厚,刚度越大,吸收的能量也越大,铆钉镦头成形越困难。因此,铆枪打击冲头的次数也要增多,这样便容易造成铆接零件变形,铆钉处会产生局部凹陷,同时也产生表面磕伤、不光滑等缺陷。

(3)锤击铆接的注意事项。由于锤击铆接的绝大部分工作需要双人配合,以保证质量和技术安全,因此要求两人密切配合,并达到以下几项要求。

1)工作前应检查铆枪所用的冲头和顶把,不得有裂伤和毛刺。

2)铆枪安装冲头后,不得将铆枪对着人或向着产品,以免失手打伤人或产品,铆枪用完之后,立即将冲头取下,或将冲头用橡皮绳系牢在铆枪头部,防止冲头从铆枪上弹出。

3)用铆枪铆接时,不得分散注意力,两人应密切配合,当冲头压紧在铆钉头上,顶把顶在铆钉杆上的时候,方可开动铆枪。

4)使用冲头时,在冲头和产品表面之间垫上玻璃纸或透明塑料布,以保证产品表面的光滑。

4.自动钻铆

自动钻铆:在钻铆机上逐个自动完成钻孔、锪窝、放铆钉和铆接的过程。其特点是铆接质量高、效率高。该方法适用于壁板型组合件的普通铆钉铆接和无头铆钉干涉配合铆接。

(1)自动钻铆适用于下述铆钉铆接和几种紧固件的安装。

1)完成沉头铆钉、凸头铆钉、冠头铆钉和钛合金铆钉的自动钻铆。

2)完成无头铆钉的自动钻铆,铆接成沉镦头或凸镦头。

3)完成环槽铆钉、高锁螺栓、抽芯铆钉等由两个元件组成紧固件的自动钻铆或自动安装。

4)上述紧固件的涂胶铆接或安装。

(2)自动钻铆的典型工艺过程。沉头铆钉的自动钻铆工艺过程如图3.13所示。无头铆钉的自动钻铆工艺过程如图3.14所示。

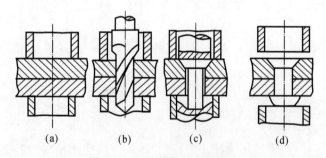

图3.13　沉头铆钉的自动铆接
(a)夹紧零件;　(b)钻孔、锪窝;　(c)放铆钉、压铆;　(d)松开夹紧件

自动钻铆的主要工序:

1)夹紧零件。

2)钻孔,根据铆钉镦头形状要求锪窝或不锪窝。

3)送进铆钉,根据需要喷涂(或不喷涂)密封剂或防腐剂。

4)压铆。零件向上浮动,同时形成铆钉镦头。铆后零件复位至铆接平面。

5)将沉镦头凸出零件表面的部分铣掉,使之与零件平面齐平。

6)松开夹紧件。准备下一个铆钉的铆接循环。

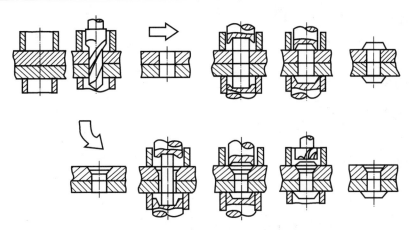

图 3.14　无头铆钉的自动铆接

四、铆接后铆钉钉头和镦头的要求

1.钉头要求

(1)沉头铆钉相对于蒙皮凸出量为 0.02～0.05 mm,如图 3.15 所示。

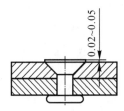

图 3.15　沉头铆钉相对于蒙皮凸出量

(2)铆钉头贴紧试板表面,允许不贴合单向间隙为 0.05 mm,且不超过排内钉数的 10%。

(3)铆钉头不允许有切痕、下陷、裂纹及机械损伤。

2.镦头要求

(1)铆钉镦头呈标准鼓形,不允许呈喇叭形、马蹄形,如图 3.16 所示。

鼓形　　　　　　喇叭形　　　　　　马蹄形

图 3.16　铆钉镦头形状要求

(2)镦头的最小直径 $D_{min}=(1.5\pm0.1)d$,镦头高度 $H=0.4d$。

(3)铆钉镦头不允许有切痕、下陷、裂纹及机械损伤。

【任务实施】

一、准备工作

1.试板毛坯

检查毛坯尺寸:δ2 mm×122 mm×102 mm。材料:2A12T4。数量:2 件。

2.工艺装备

M301手枪式铆枪；Z601，Z801风钻；ϕ2.7 mm，ϕ3.6 mm，ϕ4.1 mm，ϕ8 mm钻头；ϕ3.5 mm×90°，ϕ3.5 mm×120°，ϕ4 mm×90°，ϕ4 mm×120°锪窝钻；平窝头；半圆窝头；顶把；镦头样板；钉头样板；铆工常用工具等。

二、锤击铆接操作步骤

1.外形加工

用锉刀锉削或者用铣轮铣削毛坯材料外形至尺寸为(120 mm×100 mm)±0.5 mm，四边垂直度为90°±30′，去除各棱边毛刺。

2.划线

依据图样在其中一件试板上划线，以外形为基准左右对称划出边距10 mm，间距10 mm孔位线，保证边距、间距合格。

3.制孔、锪窝

用弓形夹将两块试板外形对齐夹紧，按照图样要求进行制孔、锪窝、去毛刺等操作，保证孔的位置度、垂直度合格，窝的深度合格。

4.锤击铆接

按照图样的要求进行各种铆钉的锤击铆接，保证沉头铆钉的钉头凸出量符合0.02～0.05 mm，且无任何损伤，镦头呈鼓形，所有铆钉单向间隙≤0.05 mm。

5.修整

对没有达到铆接质量要求的铆钉进行修整。

6.检查锤击铆接质量

(1)沉头铆钉钉头凸出量的检查：用钉头量规对沉头铆钉的钉头进行测量，对于无法确定的钉头用三爪表进行打表确认。

(2)铆钉镦头的质量检查：用镦头样板对铆钉的镦头进行测量，通端能通过，止端止住为合格。

(3)铆钉头单向间隙的检查：目测检查钉头的单向间隙，有问题的钉头用厚薄规进行确认。

(4)铆接表面质量和试板表面质量的检查：目测检查铆钉的钉头和镦头的表面质量以及在铆接过程中试板表面的撞击伤。

三、锤击铆接操作的注意事项

(1)锤击铆接时两人的配合要密切，站立姿势要稳定，不得分散注意力，避免出现失误造成试板变形或铆接质量不合格。

(2)当握住铆枪时，窝头要垂直压住铆钉头，铆接时，不能使窝头上下左右滑动，冲击力中心线与铆钉中心线要重合，否则会影响铆接质量。

(3)开始工作前，要检查铆枪所用的窝头和顶把，不得有裂纹和毛刺。

(4)在铆接沉头铆钉时，要在窝头和钉头表面垫上玻璃纸，以保护钉头表面光滑。

(5)在铆接过程中，密切观察铆接质量，随时发现问题随时解决，保证铆接质量的稳定性。

(6)在铆接过程中始终要保证两个试板不能出现错位的现象，否则将无法进行铆接。

(7)操作者要有认真、仔细的学习态度。

【实施效果评价】

一、自检与评价

每位学生完成课题后,按照图样和评分标准认真检测课件是否符合要求,对铆接质量不合格的铆钉做出自检标记。

二、质量分析

学生针对自己在加工中出现的质量问题做出原因分析,并提出纠正措施,指导教师对全部学生的课件进行检测,并做好检测记录。对于学生在操作过程中普遍存在的操作方法、检测方法、技术安全等方面的问题,分析产生错误的原因,提出纠正措施,避免类似的问题重复发生。

三、锤击铆接操作评分表

锤击铆接操作评分表见表 3.13。

表 3.13　锤击铆接操作评分表

锤击铆接操作评分表		图　号	考　号		总　分		
		MZ03					
序号	考核要求	配分 T	评分标准			检测工具	检测结果	扣分
			$\leqslant T$	$>T,\leqslant 2T$	$>2T$			
1	铆钉头的质量(99 个)	45	45	0	0	钉头样板		
2	镦头的质量(99 个)	45	45	0	0	镦头样板		
3	铆钉头的单向间隙 $\leqslant 0.05$ mm(99 个)	10	10	0	0	厚薄规		
4	铆钉头的表面质量(99 个)	每一处不合格扣 1 分				目测		
5	表面质量	产品表面划伤、撞伤每处从总分中扣 1 分				目测		
6	技术安全与文明生产	违反有关规定扣总分 5~10 分				现场记录		
合计		100 分						

检　测:　　　　　　　　　　年　月　日

【课后思考与练习】

(1)普通铆钉的长度计算公式有哪几种?

(2)典型普通铆接的过程是什么?

(3)什么是正铆法、反铆法?各自的特点是什么?

(4)冲头如何使用?

(5)顶把的质量如何选择?

(6)顶把的操作要领是什么?

(7)锤铆的注意事项是什么?

(8)铆枪的操作方法是什么?

（9）如图 3.17 所示，进行普通铆接训练。普通铆接操作训练评分表见表 3.14，技术要求如下：

1）铆钉头凸出量为 0.02～0.05 mm。

2）铆接墩头直径 $D=(1.5\pm0.1)d$，高度最小值 $H_{\min}=0.4d$。

3）钉头和墩头不允许产生变形、撞伤、机械损伤。

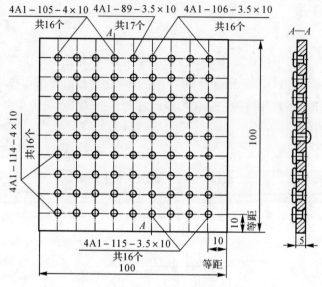

图 3.17　普通铆接训练

表 3.14　普通铆接操作训练评分表

普通铆接操作训练评分表		图　号		考　号		总　分		
序号	考核要求	配分 T	评分标准			检测工具	检测结果	扣分
			$\leqslant T$	$>T,\leqslant 2T$	$>2T$			
1	钉头质量（81个）	40	40	0	0	钉头量规		
2	墩头质量（81个）	40	40	0	0	墩头量规		
3	表面质量	20	20	0	0	目测		
4	外观及未注尺寸	畸形、未加工完等扣总分 5～10 分 每超差一处扣 1 分				卡尺、目测		
5	技术安全与文明生产	违反有关规定扣总分 5～10 分				现场记录		
合　　计		100 分						
复核人员		检　测　人　员						
		签　字		检测项目序号				

项目课题 4　分 解 铆 钉

内容提示

项目课题 4 主要讲述分解铆钉任务实施工艺分析及材料、操作工量刀具、技术要求、相关专业知识,任务实施准备工作、操作步骤、注意事项及实施效果评价等内容。

教学要求

(1)了解铆钉分解的意义和重要性。
(2)掌握铆钉分解的操作方法。
(3)学会预防和排除铆钉分解过程中常见的质量故障。
(4)遵守铆钉分解操作过程中的技术要求和安全操作规定。

内容框架图

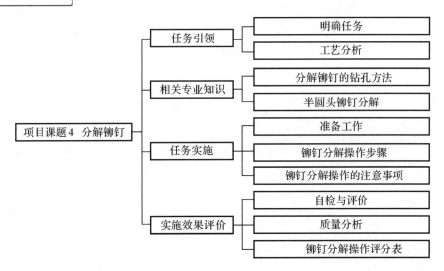

【任务引领】

一、明确任务

1.分解铆钉

在铆接装配中,拆除不合格铆钉是一项难度较大的技能。如铆钉头打坏[见图 4.1(e)]、镦头顶扁[见图 4.1(d)]、钉杆成形不良[见图 4.1(f)]、钉头凸出量过高[见图 4.1(a)]、钉头单向间隙超差[见图 4.1(b)]等,这些有缺陷的铆钉必须排除和更换。有时在装配后发现零件间不协调或有故障需取下检查和修正等,也需要对铆钉进行分解。将上一项目锤击铆接的试板进行铆钉分解的训练。

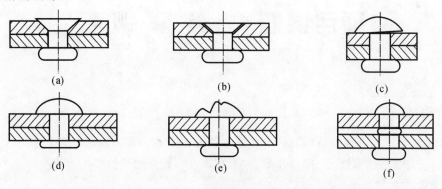

图 4.1　分解铆钉的应用

(a)钉头凸出量超差;　(b)钉头单向间隙超差;　(c)锪制沉头窝超差;
(d)墩头高度超差;　(e)钉头机械损伤;　(f)钉杆在连接件中间镦粗

2.技术要求

(1)分解后铆钉孔不能产生变形。

(2)分解铆钉后孔内不能有台阶。

(3)试板表面不能有钻伤。

3.铆钉分解工量刀具清单

铆钉分解工量刀具清单见表 4.1。

表 4.1　铆钉分解工量刀具清单

铆钉分解工量刀具清单				毛　坯	材　料	数　量	图　号
				上一课题试板			MZ04
序号	名　称	规　格	数量	序　号	名　称	规　格	数量
1	风钻	Z601	1	5	冲子	$\phi3.5$ mm,$\phi4$ mm	各 1
2	风钻	Z801	1	6	手锤		1
3	钻头	$\phi3.6$ mm	1	7	顶铁	120 mm×60 mm×40 mm	1
4	钻头	$\phi4.1$ mm	1				
备注	铆工常用工具						

二、工艺分析

(1)分解铆钉时选用钻孔的钻头直径应不大于铆钉直径,这是保证铆钉孔不变形的关键。

(2)分解铆钉时钻孔的深度应和钉头的垂直高度相等。

(3)分解铆钉钻孔时孔的中心线要尽量保证与铆钉杆的中心线重合。

(4)用手锤敲击冲子冲击钉杆时,试板的背面必须用顶把支撑,防止试板出现变形。

【相关专业知识】

一、分解铆钉的钻孔方法

(1)必须从铆钉的钉头起钻,要求孔位一定要在钉头的中心处,当孔位出现偏差时要及时采用借孔的方法将孔位找正,再进行钻孔。

(2)钻孔的深度和钉头的垂直高度基本相等(见图 4.2)。

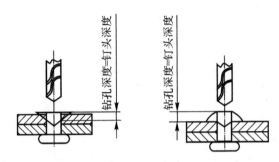

图 4.2 钻孔的深度和钉头的垂直高度基本相等

(3)用钻头将铆钉头撬掉。

二、半圆头铆钉分解

半圆头铆钉分解时为防止钻孔定心不稳而钻伤试板表面,可手动拨动钻夹使钉头上产生一凹坑(见图 4.3),然后进行钻孔。

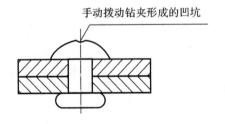

图 4.3 手动拨动钻夹形成的凹坑

【任务实施】

一、准备工作

1.试板毛坯

前一项目铆接所使用的试板。

2.工艺装备

Z601,Z801 风钻;ϕ3.5 mm,ϕ4.0 mm 钻头;ϕ3.4 mm,ϕ3.8 mm 冲子;120 mm × 60 mm×40 mm 顶把;手锤等铆工常用工具。

二、铆钉分解操作步骤

1.准备钻头

将钻头（$\phi3.5$ mm，$\phi4.0$ mm）在砂轮上进行刃磨，控制角度为 90°～110°，有利于钻孔时定心稳定。

2.试板安装

将试板夹持在虎钳上，试板的 1/2 露出钳口，保证钻孔时试板不倾斜。

3.钻孔

依据所对应的铆钉选择合适的钻头从铆钉头部依次进行钻孔，并拆除掉铆钉头。

4.拆除铆钉杆

在拆除铆钉头方向用手锤分别敲击 $\phi3.4$ mm，$\phi3.8$ mm 冲子，镦头方向用顶把支撑，将铆钉杆从钉孔中冲出，完成铆钉分解的操作过程。

5.检查铆钉分解的质量

（1）铆钉孔精度的检查：分解后的铆钉孔不能出现孔径扩大、变形或孔口呈喇叭形。

（2）铆钉孔表面质量的检查：分解后的铆钉孔内不能出现台阶、钻伤。

（3）铆钉分解操作方法的跟踪检查：学生在进行铆钉分解操作时，教师跟踪检查学生选用的钻头、钻孔定心的准确性，对钻孔深度的掌握情况，以及敲击钉杆时的操作情况。

（4）试板表面质量的检查：目测检查铆钉分解后试板表面是否有钻伤、敲击伤等缺陷。

三、铆钉分解操作的注意事项

（1）分解铆钉前必须检查钻头的对称性，不合格的钻头必须进行刃磨。

（2）钉头钻孔时一定要注意定心要稳，位置要准，出现偏位及时纠正。

（3）严格控制钻孔深度，尽量做到心中有数，并经常退出钻头进行观察。

（4）拆除钉头时，用力要合适，避免将钻头撬断。

（5）敲击钉杆时，要做到稳、准、狠，小心不要敲击到自己手上。

（6）严禁出现将钉杆直接钻掉或从镦头方向进行钻孔的操作方法。

【实施效果评价】

一、自检与评价

每位学生完成课题后，按照图样和评分标准认真检查课件是否符合要求，对分解不合格的铆钉做出自检标记。

二、质量分析

学生针对自己在加工中出现的质量问题做出原因分析，并指出纠正措施，指导教师对全部学生的课件进行检测，并做好检测记录。对于学生在操作过程中普遍存在的操作方法、检测方法、技术安全等方面的问题，分析产生错误的原因，提出纠正措施，避免类似的问题重复发生。

三、铆钉分解操作评分表

铆钉分解操作评分表见表 4.2。

表 4.2　铆钉分解操作评分表

铆钉分解操作评分表		图　号		考　号		总　分		
		MZ04						
序号	考核要求	配分 T	评分标准			检测 工具	检测 结果	扣分
			$\leqslant T$	$>T,\leqslant 2T$	$>2T$			
1	钉孔精度质量(99 个)	35	35	0	0	目测		
2	铆钉孔表面质量(99 个)	35	35	0	0	目测		
3	操作过程规范性	30	30	0	0	目测		
4	表面质量	产品表面划伤、撞伤每处从总分中扣 1 分				目测		
5	技术安全与文明生产	违反有关规定扣总分 5～10 分				现场记录		
合　计		100 分						

检　测：　　　　　年　月　日

【课后思考与练习】

(1)如何分解铆钉?

(2)如图 4.4 所示,进行铆钉分解训练。铆钉分解操作训练评分表见表 4.3,技术要求如下:

1)按照正确的铆钉分解方法将每种铆钉分解 10 个。

2)分解铆钉时钻孔深度小于或等于铆钉头高度。

3)选用正确规格的钻头进行铆钉分解。

4)表面不允许有钻伤、划伤。

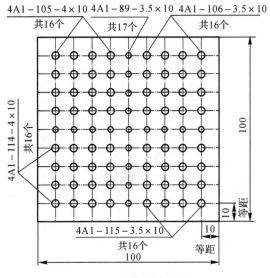

图 4.4　铆钉分解训练

表 4.3　铆钉分解操作训练评分表

铆钉分解操作训练评分表			图 号		考 号		总 分	
序号	考核要求	配分 T	评分标准			检测工具	检测结果	扣分
			$\leq T$	$>T,\leq 2T$	$>2T$			
1	选用钻头正确	10	10	0	0	目测		
2	钻孔深度≤钉头高度(50 处)	40	40	0	0	目测		
3	孔内、窝内质量(50 处)	40	40	0	0	目测		
4	表面质量	10	每一处钻伤、划伤扣 2 分			目测		
5	外观及未注尺寸	畸形、未加工完等扣总分 5~10 分 每超差一处扣 1 分				卡尺、目测		
6	技术安全与文明生产	违反有关规定扣总分 5~10 分				现场记录		
合　计		100 分						

复核人员	检 测 人 员		
	签 字	检测项目序号	

项目课题 5 单曲线对缝修合与铆接

内容提示

项目课题 5 主要讲述单曲线对缝修合与铆接任务实施工艺分析及材料、操作工量刀具、技术要求、相关专业知识，任务实施准备工作、操作步骤、注意事项及实施效果评价等内容。

教学要求

(1)学会识读简单的对缝修合与铆接课题图纸。

(2)明确零件加工顺序与方法。

(3)掌握对缝间隙修合的操作方法。

(4)巩固铆接基本操作技能。

(5)遵守安全操作规定。

内容框架图

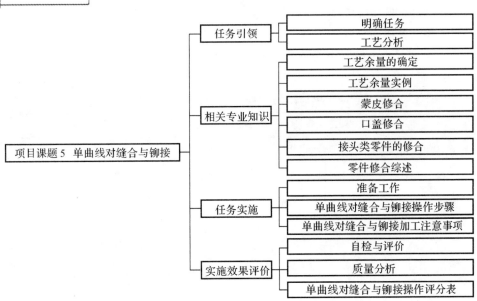

【任务引领】

一、明确任务

1.单曲线对缝修合与铆接

按照图样(见图 5.1)的要求进行零件加工。

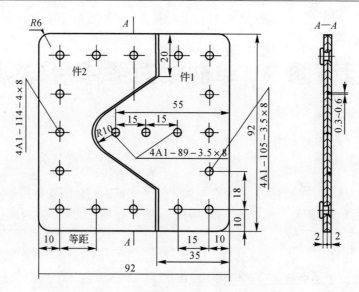

图 5.1　单曲线对缝修合与铆接零件

2.技术要求

(1)外形尺寸、边距、间距公差为 ± 0.5 mm;定位尺寸分别为 20 mm,35 mm,55 mm,公差为 ± 0.3 mm;圆弧 $R10$ mm 过渡圆滑。

(2)对缝间隙为 0.3~0.6 mm,要求间隙均匀。

(3)制孔、锪窝、铆接按照技术文件要求执行。

(4)试板表面无损伤,棱边无毛刺。

3.单曲线对缝修合与铆接工量刀具清单

单曲线对缝修合与铆接工量刀具清单见表 5.1。

表 5.1　单曲线对缝修合与铆接工量刀具清单

单曲线对缝修合与铆接 工量刀具清单				毛坯		材料	数量	图号
				$\delta 2$ mm×95 mm×100 mm $\delta 2$ mm×95 mm×95 mm		2A12T4	各 1	MZ05
序号	名称	规格	数量	序号	名称	规格		数量
1	风钻	Z801	1	10	顶铁			1
2	风钻	Z601	1	11	弓形夹			3
3	铆枪	M301	1	12	平锉刀	200 mm		1
4	钻头	$\phi 3.6$ mm	1	13	半圆锉	150 mm		1
5	钻头	$\phi 4.1$ mm	1	14	圆锉	200 mm		1
6	钻头	$\phi 2.7$ mm	1	15	钢板尺	150 mm		1
7	锪窝钻	$\phi 3.5$ mm×90°	1	16	游标卡尺	150 mm		1
8	锪窝钻	$\phi 4$ mm×120°	1	17	直角尺	125 mm×200 mm		1
9	窝头	半圆、平	各 1					
备注	铆工常用工具							

二、工艺分析

1.图纸分析

(1)根据图纸可知,此单曲线对缝修合与铆接零件由件 1、件 2 和底板三部分铆装而成。

(2)根据技术要求可知,外形尺寸、边距、间距公差为 ±0.5 mm,对缝处基准件定位尺寸公差为 ±0.3 mm,对缝间隙为 $0.3\sim0.6$ mm,并且要求间隙均匀。

(3)根据图纸上紧固件的标识可确定所使用的铆钉为 $\phi3.5$ mm$\times90°$,长度为 8 mm,共计 7 个;$\phi4$ mm$\times120°$长度为 8 mm,共计 9 个;$\phi3.5$ mm 半圆头铆钉,长度为 8 mm,共计 3 个。而且铆接过程中要按照蒙皮表面的要求进行制孔、锪窝、铆接。

2.件 1 和件 2 的加工方法

件 1 和件 2 是属于配合加工的课件,依据图样的尺寸标注位置可确定件 1 为基准件。因此先按照图样的关键尺寸加工好件 1 的轮廓形状。然后加工件 2,保证在对缝间隙均匀的情况下控制好外形,不产生阶差。

3.以底板为基准修合间隙

将底板按外形尺寸、四边相互垂直加工合格后,按照图样将中间的对缝线划出,将件 1 和件 2 的外形三边与底板对齐重合,修整中间的间隙部分,只要将底板中间的对缝线均匀露出就能达到要求,且不会产生外形错位或者阶差的现象。

4.制孔、锪窝、铆接按照蒙皮表面的要求进行加工

(1)制孔时按照孔的位置度 ±0.5 mm、垂直度 0.05 mm 要求进行加工。

(2)锪窝时严格控制窝的深度,用铆钉试窝,凸出量为 $0.02\sim0.1$ mm。

(3)沉头铆钉的钉头凸出量为 $0.02\sim0.05$ mm。

(4)镦头呈鼓形,高度 $H=0.4d$,直径 $D=(1.45\pm0.1)d$。

(5)铆接后试板表面和钉头不能有机械损伤。

5.件 1 和件 2 同一单板的分割方法

件 1 和件 2 分割时采用钻排孔的方法。钻孔时要求尽量做到孔孔相切或相交,若中间距离过大,可采用钻头的副切削刃将孔钻切开,绝对不允许采用錾削的方法进行分割,那样会产生材料变形现象。

6.铆接时的定位方法

单个零件加工好后进行铆接的时候,需要用弓形夹或者是鱼形夹将件 1 和件 2 与底板外形对齐后夹紧,最少要夹持两点,保证单板之间不产生间隙为合格。

【相关专业知识】

在铆接装配过程中,首先要进行零件、组合件的修合,这对装配质量有很大的影响。铆接装配后要保证被连接件之间紧密贴合,对接处要符合一定的间隙要求,如图 5.2 所示。由于飞机铆接装配中有些零件尺寸较大,尤其是飞机蒙皮加工中难以达到互换的要求,所以根据装配需要留一定的工艺余量,在装配时按实际情况修合。修合是一种工艺补偿的方法,即去除工艺余量的过程。

一、工艺余量的确定

1.余量补偿的应用范围

(1)在装配过程中由于零件制造误差、装配定位误差而累积形成闭环尺寸误差,在该处安装的零件上需要留余量,以补偿误差积累。如梁在装配过程中由于梁缘条的外形定位误差及梁缘条的厚度误差,在闭合尺寸"L"处安装的接头需要留出余量,如图5.3所示。

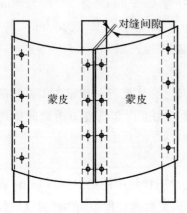
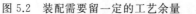

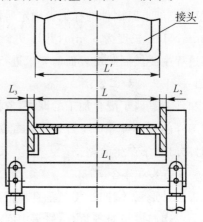

图5.2　装配需要留一定的工艺余量　　　　图5.3　在尺寸链闭环尺寸处余量补偿示意图

(2)在装配中有些准确度要求高的配合尺寸,在零件加工中用一般加工方法难以达到要求的,必须在装配中采用修合方法来达到技术要求。此时需要在一个零件上留有余量进行补偿。如蒙皮对缝间隙要求为0.5~1 mm,由于蒙皮刚性小,尺寸大,蒙皮加工很难达到互换要求,需要在蒙皮对缝边留余量,装配时对蒙皮边缘进行修合,达到对缝间隙要求。

(3)为了消除装配中的定位误差和变形误差以及零件制造误差,达到组件或部件的协调互换,需要在对接面、对接孔或叉耳接头孔、叉耳侧面等处留余量,通过精加工,达到协调或互换要求。

(4)有些部位,通过一定的协调方法或提高零件的制造准确度,便可达到装配技术要求。但在飞机研制、试制或批量不大时,考虑到经济性而留余量,可通过修合达其协调要求。

2.工艺余量的确定原则

(1)余量补偿是飞机装配中必不可少的一种手段,但会增加工作量并延长装配周期。因此,必须对不同的装配方法和各种措施进行综合技术经济分析,只有其他方法不能满足给定的准确度或经济性不合理时,才采用余量补偿。

(2)采用余量补偿方法,不得影响产品的性能,如强度、质量、表面保护等。修锉后的表面应采取防护措施。

(3)合理确定留余量的零件和余量部位,以方便修合,或便于机械化施工。

1)余量尽量留到修锉零件的外侧。如图5.4所示,余量留在接头上而不留在梁缘条上。

2)余量尽量留在材料易于加工的零件上。如对接孔需要余量补偿时,若是铝件上压装有钢衬套,最好余量留在衬套底孔上。

3)孔加工比面的修合容易,有时孔的加工还可以实现机械化。因此,在同时有孔位和面配合要求的零件上,可通过孔留余量来保证面的配合要求。图 5.5 为在机翼后梁上安装活动面悬挂接头,要求孔的位置正确,同时保证接头与梁贴合且不允许加垫。为此可采用孔径留余量,在接头与梁修合连接后,再通过夹具上的钻套对孔进行精加工。

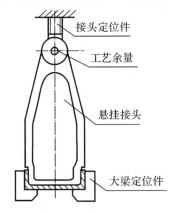

图 5.4　孔径留余量保证接头的安装位置

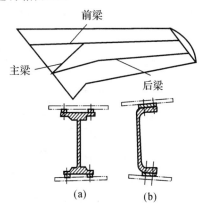

图 5.5　机翼翼梁铝条布置示意图

(a)主梁剖面;　(b)前梁剖面

(4)合理确定余量大小,保证以最小的劳动量达到准确度要求。

1)通过误差尺寸链计算或生产实践经验确定余量大小。

2)余量大小与加工方法、零件材料、机械化加工程度等因素有关。如采用剪切、锯割时,余量可以留得大些;采用刮削、铣切时,余量应留得小些。

3)研制、试制时,余量应适当大些。通过试制考验、生产逐渐稳定和协调方法趋于完善,可逐步减少余量。

(5)修合工作量与飞机结构设计的工艺性有很大的关系。如封闭尺寸环用垫片补偿;转动接头采用关节轴承补偿;蒙皮对缝大间隙时用填缝胶补偿;规定合理的公差及技术要求等。图 5.5 所示为采用易于加工材料进行补偿的典型实例,某机机翼主梁及前梁为钢件,外缘为双曲度表面。在设计时其缘条上布置了留有余量的硬铝条,待梁装配完成后,在精加工台上用靠模铣切加工硬铝条,从而改善了加工工艺性。

二、工艺余量实例

工艺余量实例见表 5.2。

表 5.2　几种工艺余量实例

类　型	简　图	说　明	余量
单曲度蒙皮或曲率不大的双曲度蒙皮	蒙皮　口盖	1.其中两边留余量,另两边作为装配时的定位基准。 2.位置要求不严的口盖孔一般不留余量,口盖留余量	蒙皮周边余量大小见表 5.3

续 表

类 型	简 图	说 明	余 量
双曲度蒙皮	蒙皮　口盖	1.蒙皮四周留余量。 2.口盖孔留余量或口盖孔不开出。 3.口盖孔按夹具上开口样板开出时,口盖留余量。口盖孔按口盖划线时,口盖不留余量	蒙皮余量按要求
长桁	余量	1.适用于曲度大,长度长及对接的长桁。 2.两端都有下陷时,余量留在两端。一端有下陷时,余量留在无下陷一端	余量为 10~20 mm,视长桁长度而定
非闭合部位的接头连接	余量	修合接头。余量留在外形面上或壁厚的内形面上均可。如果接头上有其他位置要求的孔面,余量应留在壁厚的内形面上,如左边简图所示	余量为 0.5~1 mm,平面配合处余量小一些,斜面配合处余量大一些
三面配合的套合件	余量　余量　(a)　(b)	1.当侧面允许加垫时,在壁厚的内形面上留余量,如左边简图(a)所示。 2.当侧面不允许加垫时,在接头侧面外形上需留余量,如左边简图(b)所示	
活动面悬挂接头	余量　(a)　(b)	1.方案Ⅰ:在接头与梁平面连接的配合面上内外均需留余量,如左边简图(a)所示。 2.方案Ⅱ:在孔及配合面内(或外)留余量,如左边简图(b)所示。 3.方案Ⅱ优于方案Ⅰ	面留余量为 0.5~1 mm; 孔径余量为 2~4 mm

续 表

类 型	简 图	说 明	余 量
舱门接头	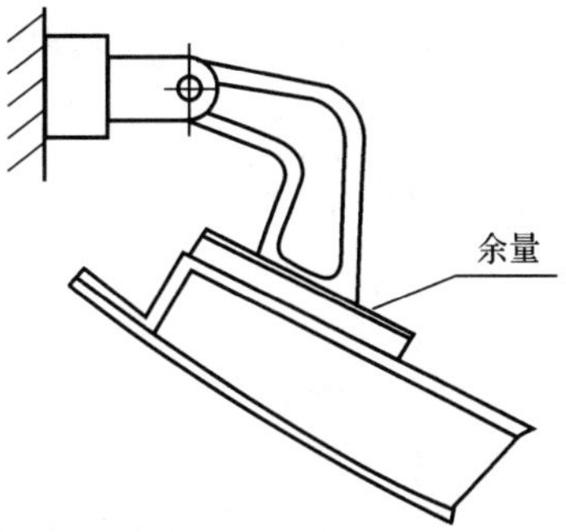 余量	1.在接头配合面壁厚的反面留余量,如左边简图所示。 2.接头与舱门之间允许加垫时不留余量	余量为 1~1.5 mm
带衬套的孔	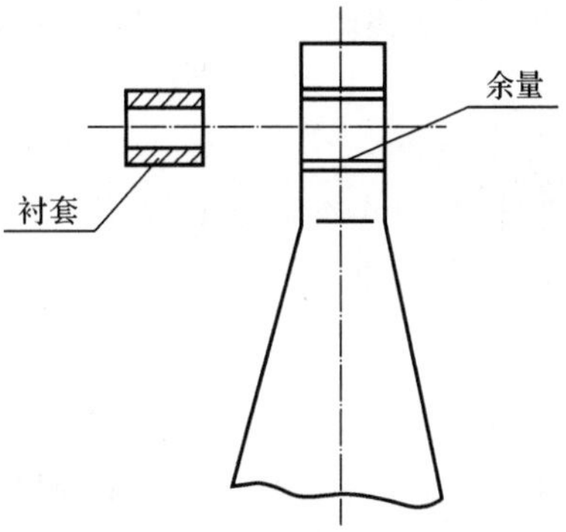 余量 衬套	带衬套的接头孔需要精加工时,最好加工衬套的底孔,因为底孔一般为铝件,且能保证衬套更换后孔位正确	余量为 2~4 mm

表 5.3 蒙皮、口盖余量[①]   单位:mm

加工方法	余量值			
	单曲度蒙皮边缘	双曲度蒙皮边缘	蒙皮口盖孔	口 盖
剪切,锯割	10~30	20~40		10~20
修锉,铣切	2~4		10~20[②]	2~4

蒙皮余量尺寸系列:2   3   5   10   15   20   …   (以10 递增)

注:①本表只供参考;

②指用钻头钻掉余量后,进行修锉。

三、蒙皮修合

1.蒙皮修合工艺过程

(1)将蒙皮预装定位在骨架外形或型架卡板工作面上,按图纸、卡板、蒙皮切割标尺划出切割线。若以原结构的边沿为基准,可用专用划线器沿基准移动,将蒙皮边缘线移到要修合的蒙皮上。

(2)使蒙皮离开骨架、卡板,用剪刀或铣刀去除余量,并用锉刀精修蒙皮边缘,去毛刺。尽可能一次剪切、锉修合格,对于曲面蒙皮允许反复进行定位、修合,直至间隙符合要求。

2.蒙皮修合的注意事项

(1)蒙皮定位时,要保证其边缘有足够的铆钉边距及对合余量。

(2)蒙皮以长桁、隔框定位时,应考虑长桁、隔框的弯曲偏斜,需将蒙皮进行调整。

(3)当有接头等零件穿过蒙皮时,应在定位该蒙皮前先在蒙皮上制出零件缺口。

(4)当蒙皮与带铰链的口盖相配时,应在定位该蒙皮前先在蒙皮上制出铰链缺口。

(5)对接蒙皮修合时,应以一面为基准锉修另一面。

(6)蒙皮修合时应防止被划伤。

3.蒙皮定位、锉修方法

(1)按工艺文件所述将蒙皮或壁板以骨架外形或型架上卡板轴线面、边缘刻线、挡块或定位孔进行定位,用工艺铆钉、弹簧夹子、弓形夹子等暂时固定,然后按切割线划出余量。

(2)取下蒙皮或壁板,将它放在铺有橡皮的钳台上锉修余量,去毛刺并在外露边或按图纸所规定的一边制出倒角。

(3)重新固定蒙皮或壁板,检查锉修余量。

(4)若外形不符合要求,按上述方法反复进行锉修,直至符合要求,然后等待装配铆接。

四、口盖修合

典型的口盖结构形式如图5.6所示。

1.口盖无余量、蒙皮的口盖孔有余量或蒙皮无孔的口盖修合

(1)按产品图样用划线方法在口框、蒙皮上确定口盖定位线,或者按型架定位件确定口盖的安装位置。

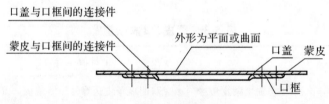

图5.6 典型口盖结构简图

(2)在口盖上划出与口框、蒙皮对应的定位线,以及紧固件的位置线。

(3)将口盖安装在口框上,用夹紧工具夹紧,一起钻安装连接件的初孔。

(4)将口框定位安装在蒙皮上。

(5)按连接件的初孔,用定位销将口盖定位安装在蒙皮、口框上。

(6)按口盖的边缘在蒙皮上划线。

注:按型架定位件确定口盖位置的,按定位件在蒙皮上划口盖孔边缘。

(7)按口盖孔边缘线修合蒙皮口盖孔的余量。

(8)将口盖、口框定位安装在蒙皮上。

(9)检查蒙皮与口盖的对缝间隙。

2.口盖有余量、蒙皮的口盖孔无余量的口盖修合

(1)蒙皮刚性强或外形比较平直时,按蒙皮的口盖孔在口盖上划边缘修合线,修合口盖余量。

（2）蒙皮的刚性弱且外形复杂或施工不开敞时,常采用下述方法修合口盖。

1）按产品图样和蒙皮口盖孔的位置将口框安装在蒙皮上,定位、夹紧并铆接。

2）按如图 5.7 所示在蒙皮上划线,距边缘线截得定长 L,L 应大于口盖的余量。

3）将口盖按外形放置在蒙皮口盖孔处,压紧、固定,按如图 5.8 所示将蒙皮口盖边缘线划在口盖上。

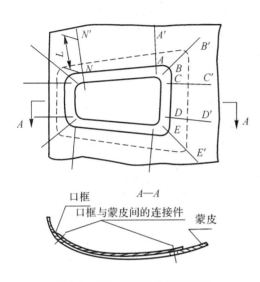

图 5.7　距口盖孔画的等宽线图

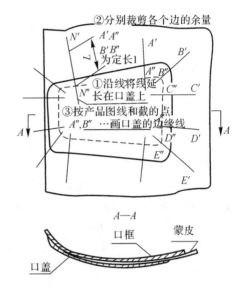

图 5.8　按等宽线确定口盖的切割线

4）按图样尺寸和口盖边缘线上的点划口盖初步修合余量线,按余量线修合口盖,一般按线留 1～2 mm 余量,凹型口盖要适当多留一些余量。

5）由口盖的一边或一角开始精修,直至对缝间隙符合要求。

五、接头类零件的修合

1.接头类零件的特点

接头类零件的制造误差、装配误差、零件协调关系比较复杂,如既有孔的连接,又有多个面的连接,需在孔和接合面处均留有工艺余量,待装配时修合。接合面处余量的修合又称接合面的刮削。

2.刮削的方法

（1）对被刮削零件的修合部位,检测与刮削有关的实际尺寸,如厚度、角度、垂直度、长度、平度等,依据产品图样和留的工艺余量确定零件最大可刮削量。

1）对于可预装的零件,检查零件与定位基准的相对位置、定位孔的同轴度、零件间的间隙等,依据零件最大可刮削量和安装位置确定零件的刮削位置、范围和刮削量。

例如:两个零件安装后,修合面间的最大间隙为 0.7 mm,被刮削零件有 1.0 mm 余量,被刮削零件的最小可供刮削量为 0.3 mm。

2）对于不可预装零件的刮削量,应按图样标注的尺寸和零件的实际检测尺寸通过计算来确定。

（2）当余量在 0.3 mm 以上时,用铣刀、锉刀、刮刀交叉进行加工,直至刮削量不大于 0.2 mm,用红铅粉涂在零件上,将零件重新定位、安装检查,确定刮削位置,进行少量刮削,重复定位检查,直至刮削符合要求。

(3)在修合的贴合面处应涂上原牌号的同色漆。对于耐腐蚀性能差的镁合金零件,在涂漆前必须及时进行局部氧化处理。在进行局部氧化处理时,要防止氧化液溅在飞机及其他零件上或人身皮肤上。

局部氧化工艺过程:

1)用蘸有汽油的布块擦拭镁合金零件待氧化表面上的油污、杂质,再用清洁、柔软的白布擦拭除过油的表面。

2)用毛笔蘸氧化溶液,涂在除净油污的表面上,均匀往复涂刷约 15 s,然后保持 2～3 min。

3)生成氧化膜后,用清洁的湿棉球轻轻擦拭,以去除残余的氧化溶液。

4)用干净的白布轻轻擦拭 2～3 次,然后用压缩空气吹干或自然干燥 1～2 h。

六、零件修合综述

(1)零件修合的关键是确定零件的修合位置和修合量。

(2)零件修合的常用方法有以下几种:

1)按装配型架定位件确定修合线。

2)按结构基准边沿用划线器划修合线。

3)直接划修合线。

4)投影划修合线。

【任务实施】

一、准备工作

1.试板毛坯

检查毛坯尺寸:$\delta 2$ mm×95 mm×95 mm,$\delta 2$ mm×95 mm×100 mm。材料:2A12T4。数量:各 1 件。

2.工艺装备

Z601,Z801 风钻;M301 铆枪;顶把;平窝头;半圆窝头;$\phi 4$ mm×120°,$\phi 3.5$ mm×90°锪窝钻;$\phi 2.7$ mm,$\phi 3.6$ mm,$\phi 4.1$ mm,$\phi 8$ mm 钻头;200 mm 铝锉刀;$\phi 20$ mm 铣轮;150 mm 或 300 mm 钢板尺;200 mm 直角尺;150 mm 游标卡尺;2B 铅笔。

二、单曲线对缝修合与铆接操作步骤

1.外形加工

(1)用锉刀锉削或者用铣轮铣削 95 mm×95 mm 毛坯材料外形至尺寸为(92 mm×92 mm)±0.5mm,四边垂直度为 90°±30′,去除各棱边毛刺,作为底板料待用。

(2)用锉刀锉削或者用铣轮铣削 95 mm×100 mm 毛坯材料外形至尺寸为(92 mm×98 mm)±0.5mm,四边垂直度为 90°±30′,去除各棱边毛刺。

2.划线、分割材料

(1)依据图样在 92 mm×98 mm 材料上划线,以外形为基准,右边划出件 1 外形轮廓线,

左边画出相对应的件 2 的轮廓线(见图 5.9)。中间部分为分割区域。用 $\phi4.0$ mm 钻头按照钻排孔的方法将件 1 和件 2 分割,钻孔时尽量做到孔孔相切或相交,使材料自然分开。

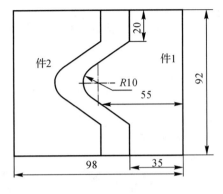

图 5.9　划线

(2)依据图样在底板料上划出中间对缝线,要求线条宽 0.3 mm,且均匀。

3.加工基准件 1

(1)依据划线锉修件 1 的对缝轮廓形状,控制尺寸 20 mm±0.3 mm(2 处),35 mm±0.3 mm,R10 mm 过渡圆滑。

(2)将件 1 放置在底板料上,保证三边外形重合的情况下底板上的对缝线能清晰地露出来即可。

4.加工件 2

按照划线锉修配合面轮廓形状,并不断地放置在底板料上观察与件 1 的间隙,保证对缝间隙(0.3~0.6 mm)均匀,且外形无阶差。

5.划线

在件 1、件 2 上按照图样上铆钉的位置划出全部铆钉位置线。

6.制孔、锪窝、铆接

用弓形夹分别将件 1 与底板、件 2 与底板定位夹紧后,按照图样上铆钉的规格进行制孔、锪窝、去毛刺、铆接,并保证质量。

7.外形修整

将加工结束的课件外观进行修整,包括去毛刺,对铆接不合格的铆钉进行分解后重新铆接,并用清洗剂将表面的划线全部清洗干净。

8.检查

依据图样对全部的尺寸要求进行复检。

三、单曲线对缝修合与铆接加工注意事项

(1)在材料表面划线必须用 2B 铅笔,要求线条细而准,不允许用划针划线。钻孔时不允许打样冲眼。

(2)分割材料前将多余的线条擦掉后再钻孔,钻孔时注意钻孔的位置,避免出现钻错位置造成废品。

(3)件 1、件 2 锉修对缝轮廓面时,锉修量较小,要勤测量,避免出现超差现象。

(4)钻排孔分割材料时,当孔不能相切时,用钻头的副切削刃进行二次切割,不允许出现强行将材料掰断的现象,防止材料产生变形。

(5)件1、件2与底板定位夹紧时,应保证外形一致,避免产生阶差。

(6)进行铆接时注意对已经铆好的铆钉镦头和钉头的保护,不要出现被虎钳夹伤的现象。

(7)铆接前对所有的铆钉孔进行孔口去毛刺。

(8)操作者要有认真、仔细的态度。

【实施效果评价】

一、自检与评价

每位学生完成课题后,按照图样和评分标准认真检查每一项考核指标,对不符合要求的铆钉和超差的尺寸做出自检标记。

二、质量分析

学生针对自己在加工中出现的质量问题做出原因分析,并提出纠正措施,指导教师对全部学生的课件进行检测,并做好检测记录。对于学生在操作过程中普遍存在的操作方法、检测方法、技术安全等方面的问题,分析产生错误的原因,提出纠正措施,避免类似的问题重复发生。

三、单曲线对缝修合与铆接操作评分表

单曲线对缝修合与铆接操作评分表见表5.4。

表5.4 单曲线对缝修合与铆接操作评分表

单曲线对缝修合与铆接操作评分表		图 号	考 号		总 分		
		MZ05					
序号	考核要求	配分 T	评分标准		检测工具	检测结果	扣分
			$\leqslant T$	$>T,\leqslant 2T$	$>2T$		
1	92 mm±0.5 mm	2	2	0	0	钢板尺	
2	92 mm±0.5 mm	2	2	0	0	钢板尺	
3	四边互垂90°±30′	2	2	0	0	直角尺	
4	4-R6 mm过渡圆滑(4处)	4	4	0	0	半径规	
5	边距10 mm±0.5 mm(24处)	12	12	0	0	钢板尺	
6	间距18 mm±0.5 mm(8处)	4	4	0	0	钢板尺	
7	间距15 mm±0.5 mm(5处)	2	2	0	0	钢板尺	
8	等距±0.5 mm(4处)	2	2	0	0	钢板尺	
9	定位尺寸35 mm±0.3 mm(2处)	6	6	0	0	钢板尺	
10	定位尺寸55 mm±0.3 mm	2	2	0	0	钢板尺	

续 表

序号	考核要求	配分 T	评分标准			检测工具	检测结果	扣分
	单曲线对缝修合与铆接 操作评分表		图 号 MZ05	考 号		总 分		
			$\leqslant T$	$>T,\leqslant 2T$	$>2T$			
11	定位尺寸 20 mm±0.3 mm(2 处)	6	6	0	0	钢板尺		
12	$R10$ mm±0.3 mm 过渡圆滑	3	3	0	0	半径规		
13	对缝间隙 0.3~0.6 mm, 要求间隙均匀(5 处)	15	15	0	0	塞尺		
14	钉头质量(19 处)	19	19	0	0	钉头量规		
15	镦头质量(19 处)	19	19	0	0	镦头量规		
16	表面质量	表面划伤、撞伤、机械损伤每处扣 1 分				目测		
17	技术安全与文明生产	违反有关规定扣总分 5~10 分				现场记录		
合 计		100 分						

检 测： 年 月 日

【课后思考与练习】

(1)铆接装配中什么是修合？修合的作用是什么？

(2)工艺余量的确定原则是什么？

(3)蒙皮修合的工艺过程和注意事项是什么？

(4)口盖修合有哪两种形式？

(5)口盖修合的方法是什么？

(6)如图 5.10 所示,进行圆弧对缝修合与铆接训练。评分表见表 5.5,技术要求如下：

1)外形尺寸、边距、间距公差为±0.5 mm;定位尺寸 20 mm、圆弧 $R10$ mm 的公差为±0.3 mm。

2)制孔、锪窝、铆接按照技术文件要求执行。

3)对缝间隙为 0.3~0.6 mm,要求间隙均匀。

4)外形阶差≤0.3 mm。

5)棱边无毛刺,表面无划伤。

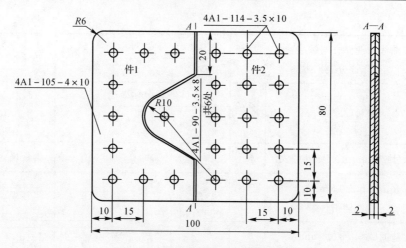

图 5.10　圆弧对缝修合与铆接训练

表 5.5　圆弧对缝修合与铆接操作评分表

圆弧对缝修合与铆接 操作评分表		图 号		考 号		总 分		
序号	考核要求	配分 T	评分标准			检测 工具	检测 结果	扣分
			$\leqslant T$	$>T,\leqslant 2T$	$>2T$			
1	100 mm±0.5 mm	2	2	0	0	游标卡尺		
2	80 mm±0.5 mm	2	2	0	0	游标卡尺		
3	四边互垂 90°±30′	2	2	0	0	直角尺		
4	4-R6 mm 过渡圆滑(4处)	4	4	0	0	半径规		
5	边距 10 mm±0.5 mm(22处)	7	7	0	0	钢板尺		
6	间距 15 mm±0.5 mm(30处)	8	8	0	0	钢板尺		
7	定位尺寸 20 mm±0.3 mm(2处)	6	6	0	0	游标卡尺		
8	R10 mm±0.3 mm 过渡圆滑	4	4	0	0	半径规		
9	对缝间隙 0.3～0.6 mm, 要求间隙均匀(5处)	15	15	0	0	塞尺		
10	钉头质量(25处)	25	25	0	0	目测		
11	镦头质量(25处)	25	25	0	0	目测		
12	外观及未注尺寸	畸形、未加工完等扣总分 5～10 分 每超差一处扣 1 分				目测		
13	技术安全与文明生产	违反有关规定扣总分 5～10 分				现场记录		
合　　计		100						
复核人员		检 测 人 员						
		签　字		检测项目序号				

项目课题 6　双折线对缝修合与铆接

项目课题 6 主要讲述双折线对缝修合与铆接任务实施工艺分析及材料、操作工量刀具、技术要求、相关专业知识,任务实施准备工作、操作步骤、注意事项及实施效果评价等内容。

【教学要求】

(1)提高图纸分析能力,对关键尺寸分析到位。

(2)掌握对缝间隙修合的加工方法和修合方法。

(3)提高铆接技能,达到铆接技术要求。

(4)学会分析课件的质量问题以及产生问题的原因。

(5)遵守安全操作规定。

【内容框架图】

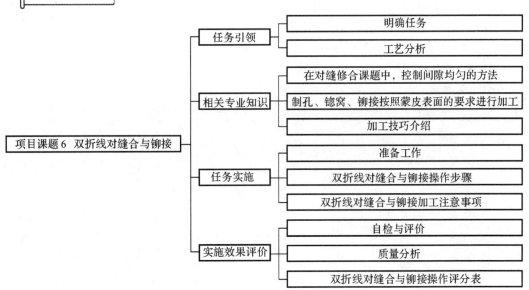

【任务引领】

一、明确任务

1.双折线对缝修合与铆接

按照图样(见图 6.1)的要求进行零件加工。

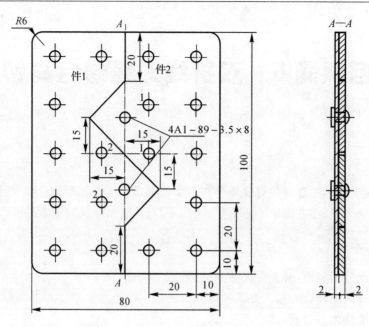

图 6.1　双折线对缝修合与铆接零件

2.技术要求

(1)外形尺寸、边距、间距公差为±0.5 mm;定位尺寸 15 mm,20 mm 的公差为±0.3 mm。

(2)对缝间隙为 0.3~0.6 mm,要求间隙均匀。

(3)制孔、锪窝、铆接按照技术文件要求执行。

(4)试板表面无损伤,棱边无毛刺。

3.双折线对缝修合与铆接工量刀具清单

双折线对缝修合与铆接工量刀具清单见表 6.1。

表 6.1　双折线对缝修合与铆接工量刀具清单

双折线对缝修合与铆接 工量刀具清单		毛　坯 δ2 mm×82 mm×102 mm δ2 mm×92 mm×102 mm		材　料 2A12T4	数　量 各 1	图　号 MZ06
序号	名　称	规　格	数　量	序　号	名　称	规　格	数　量
1	风钻	Z801	1	9	锪窝钻	ϕ3.5 mm×90°	1
2	风钻	Z601	1	10	窝头	半圆、平	各 1
3	铆枪	M301	1	11	顶铁		1
4	钻头	ϕ3.6 mm	1	12	弓形夹		3
5	钻头	ϕ4.1 mm	1	13	平锉刀	200 mm	1
6	钻头	ϕ2.7 mm	1	14	钢板尺	150 mm	1
7	钻头	ϕ8 mm	1	15	游标卡尺	150 mm	1
8	锪窝钻	ϕ4 mm×120°	1	16	直角尺	125 mm×200 mm	1
备注	铆工常用工具						

二、工艺分析

1.图纸分析

(1)此课题除具有一般对缝修合课题的技术要求外,其对缝形面是双折线,也就是说一般具有凸形面的零件为基准件,而本课题中件1与件2均有一半为凸形面,其相关的尺寸均以对称中心线为基准进行平行错位画出。因此在加工过程中,关键的转折点 A , B 都将会间接测量获得,如图 6.2 所示。

(2)图 6.2 所示重点标识的 C 和 D 4 个孔位,分别有特殊要求。根据技术要求得知标识 C 两孔为 4A1 - 105 -3.5,只制孔、锪窝,不铆接,标识 D 两孔为 4A1 - 114 - 4,为铆接后分解铆钉。这种要求是为了考查操作者在锪窝时用铆钉检测窝的深度质量是否合格,以及操作者对分解铆钉时钻孔深度掌握的情况,是否是按照正常分解的程序进行操作的。

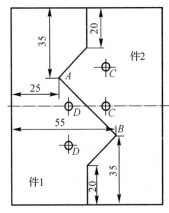

图 6.2　关键的转折点 A , B

2.对缝修合加工的两步走

对缝修合加工时, A , B 两点是关键尺寸位置点,因此加工时分两步走:第一步是控制件1与件2上的凸形部分间接测量尺寸为 55 mm 和 35 mm,凹形部分间接测量尺寸为 25 mm和 35 mm,而且加工时转折点要棱线清晰,不能修成 R 圆弧。这样,件1与件2加工好后,件1与件2对缝中间无间隙存在,而外形相对于底板有 0.5 mm 阶差。第二步,在件1与件2对缝折线处用铅笔划出0.2 mm宽的线条,然后采用精修的方法将线条去除,即可达到修合间隙均匀的要求,也可保证相关的尺寸要求。

【相关专业知识】

一、在对缝修合课题中,控制间隙均匀的方法

(1)一般情况下对缝间隙修合的课题选择外形为加工基准,且控制好外形四边相互垂直。这是保证外形不产生阶差和对缝部位不出现扭曲的关键。

(2)修合时,依据划线为主要参考。先加工基准件,再修合对缝件。

二、制孔、锪窝、铆接按照蒙皮表面的要求进行加工

(1)制孔时按照孔的位置度为±0.5 mm、垂直度为 0.05 mm 的要求进行加工。

(2)锪窝时严格控制窝的深度,用铆钉试窝,凸出量为 0.02～0.1 mm。

(3)沉头铆钉的钉头凸出量为 0.02～0.05 mm。

(4)镦头呈鼓形,高度 $H=0.4d$,直径 $D=(1.45\pm0.1)d$ 。

(5)铆接后试板表面和钉头不能有机械损伤。

三、加工技巧介绍

本课题所具有的特点是件1与件2是完全相同的两部分,因此在操作时可将件1与件2用弓形夹夹在一起同时进行加工。划线时,保证原始线条准确,并且要在原始线条内部划出加宽为 0.2 mm 的线条(见图 6.3)。加工时,锉刀或铣轮要拿稳,加工面 4 个转折点位置要准确,棱角要清晰。当加工到原始线条时,要检查间接测量位置尺寸,合格后再加工至加宽线条全部看不见为止。这时将两块料打开检查,修整个别不符合要求的位置,直到满足技术要求。

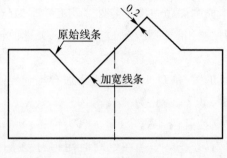

图 6.3 划线要求

【任务实施】

一、准备工作

1.试板毛坯

检查毛坯尺寸:$\delta2$ mm$\times$82 mm$\times$102 mm,$\delta2$ mm$\times$92 mm$\times$102 mm。材料:2A12T4。数量:各 1 件。

2.工艺装备

Z601,Z801 风钻;M301 铆枪;顶把;平窝头;半圆窝头;$\phi4$ mm$\times$120°,$\phi3.5$ mm$\times$90°锪窝钻;$\phi2.7$ mm,$\phi3.6$ mm,$\phi4.1$ mm,$\phi8$ mm 钻头;200 mm 铝锉刀;什锦锉;$\phi10$ mm 铣轮;150 mm 或 300 mm 钢板尺;200 mm 直角尺;150 mm 游标卡尺;2B 铅笔。

二、双折线对缝修合与铆接操作步骤

1.外形加工

(1)用锉刀锉削或者用铣轮铣削 82 mm$\times$102 mm 毛坯材料外形至尺寸为(80 mm$\times$100 mm)$\pm$0.5 mm,四边垂直度为 90°$\pm$30′,去除各棱边毛刺,作为底板料待用。

(2)用锉刀锉削或者用铣轮铣削 92 mm$\times$102 mm 毛坯材料外形至尺寸为(90 mm$\times$100 mm)$\pm$0.5 mm,四边垂直度为 90°$\pm$30′,去除各棱边毛刺。

2.划线、分割材料

(1)依据图样在 90 mm$\times$100 mm 材料上划线,以外形为基准,左边划出件 1 外形轮廓线,右边划出相对应的件 2 的轮廓线。中间部分为分割区域。用 $\phi4.1$ mm 钻头按照钻排孔的方法将件 1 和件 2 分割,钻孔时尽量做到孔孔相切或相交,使材料自然分开。

(2)依据图样在底板料上划出中间对缝线,要求线条宽 0.3 mm,且均匀。

3.加工件 1

(1)依据划线锉修件 1 的对缝轮廓形状,控制尺寸 20 mm$\pm$0.3 mm(2 处)及间接测量尺寸 15 mm,要求棱线清晰,转折处不能加工成 R 圆弧。

（2）将件 1 放置在底板料上,保证在三边外形重合的情况下底板上的对缝线能清晰地露出来即可。

4.加工件 2

按照划线锉修配合面轮廓形状,并不断地放置在底板料上观察与件 1 的间隙,保证对缝间隙(0.3～0.6 mm)均匀,且外形无阶差。

5.划线

在件 1、件 2 上按照图样上铆钉的位置划出全部铆钉位置线。

6.制孔、锪窝、铆接

用弓形夹分别将件 1 与底板、件 2 与底板定位夹紧后,按照图样上铆钉的规格进行制孔、锪窝、去毛刺、铆接,并保证质量。对要求分解铆钉的位置按照要求进行铆钉分解,对只有制孔、锪窝、不铆接的特殊孔要认真检查窝的质量,不能进行铆接,否则将不符合要求。

7.外形修整

将加工结束的课件外观进行修整,包括锉修四角的 $R6$ mm 圆弧,去毛刺,对铆接不合格的铆钉进行分解后重新铆接,并用清洗剂将表面的划线全部清洗干净。

8.检查

依据图样对全部的尺寸要求进行复检。

三、双折线对缝修合与铆接加工注意事项

（1）在材料表面划线必须用 2B 铅笔,要求线条细而准,不允许用划针划线。钻孔时不允许打样冲眼。

（2）分割材料前将多余的线条擦掉后再钻孔,钻孔时注意钻孔的位置,避免出现钻错位置造成废品。

（3）件 1、件 2 锉修对缝轮廓面时,锉修量较小,要勤测量,避免出现超差现象。

（4）钻排孔分割材料时,当孔不能相切时,用钻头的副切削刃进行二次切割,不允许出现强行将材料掰断的现象,防止材料产生变形。

（5）件 1、件 2 与底板定位夹紧时,应保证外形一致,避免产生阶差。

（6）进行铆接时注意对已经铆好的铆钉镦头和钉头的保护,不要出现被虎钳夹伤的现象。

（7）铆接前对所有的铆钉孔进行孔口去毛刺。

（8）操作者要有认真、仔细的态度,严格按照图纸要求进行加工。

【实施效果评价】

一、自检与评价

每位学生完成课题后,按照图样和评分标准认真检查每一项考核指标,对不符合要求的铆钉和超差的尺寸做出自检标记。

二、质量分析

学生针对自己在加工中出现的质量问题做出原因分析,并提出纠正措施,指导教师对全部学生的课件进行检测,并做好检测记录。对于学生在操作过程中普遍存在的操作方法、检测方

法、技术安全等方面的问题,分析产生错误的原因,提出纠正措施,避免类似的问题重复发生。

三、双折线对缝修合与铆接操作评分表

双折线对缝修合与铆接操作评分表见表 6.2。

表 6.2 双折线对缝修合与铆接操作评分表

双折线修合与铆接操作评分表		图 号		考 号		总 分		
		MZ06						
序号	考核要求	配分 T	评分标准			检测工具	检测结果	扣分
			$\leq T$	$>T,\leq 2T$	$>2T$			
1	80 mm±0.5 mm	4	4	0	0	钢板尺		
2	100 mm±0.5 mm	4	4	0	0	钢板尺		
3	四边互垂 90°±30′	4	4	0	0	直角尺		
4	4-R6 mm 过渡圆滑(4 处)	4	4	0	0	半径规		
5	边距 10 mm±0.5 mm(18 处)	9	9	0	0	钢板尺		
6	间距 20 mm±0.5 mm(18 处)	6	6	0	0	钢板尺		
7	定位尺寸 20 mm±0.3 mm(2 处)	6	6	0	0	钢板尺		
8	定位尺寸 15 mm±0.3 mm(4 处)	4	4	0	0	钢板尺		
9	对缝间隙 0.3～0.6 mm,要求间隙均匀(5 处)	15	15	0	0	塞尺		
10	钉头质量(16 处)	16	16	0	0	钉头量规		
11	镦头质量(16 处)	16	16	0	0	镦头量规		
12	窝质量(2 处)	6	6	0	0	窝量规		
13	分解铆钉(2 处)	6	6	0	0	目测		
14	表面质量	表面划伤、撞伤、机械损伤每处扣 1 分				目测		
15	技术安全与文明生产	违反有关规定扣总分 5～10 分				现场记录		
合　　计		100 分						

检测:　　　　　　　年　月　日

【课后思考与练习】

(1)对缝修合课题的加工基准是什么?

(2)加工技巧对修合课题加工的优点是什么?

(3)此课题的加工注意事项是什么?

(4)如图 6.4 所示,进行组合对缝修合与铆接训练。评分表见表 6.3,技术要求如下:

1)对缝间隙为 0.2～0.5 mm。

2)外形尺寸公差为±0.5 mm;四角垂直度为 90°±30′;所有铆钉孔边距均为 10 mm±

0.5 mm,间距均等。

　　3)制孔、锪窝、铆接按照技术文件要求执行。

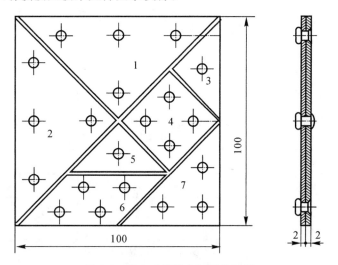

图 6.4　组合对缝修合与铆接训练

表 6.3　组合对缝修合与铆接操作评分表

组合对缝修合与铆接 操作评分表		图　号		考　号		总　分		
序号	考核要求	配分 T	评分标准			检测 工具	检测 结果	扣分
			≤T	>T,≤2T	>2T			
1	(100 mm×100 mm)±0.5 mm	4	4	0	0	钢板尺		
2	四边互垂90°±30′	2	2	0	0	直角尺		
3	铆钉边距 10 mm±0.5 mm	8	8	0	0	钢板尺		
4	铆钉间距均等	5	5	0	0	钢板尺		
5	1 与 2 对缝间隙 0.2～0.5 mm	7	7	0	0	塞尺		
6	1 与 3,4 对缝间隙 0.2～0.5 mm	7	7	0	0	塞尺		
7	2 与 5,6 对缝间隙 0.2～0.5 mm	7	7	0	0	塞尺		
8	3 与 4 对缝间隙 0.2～0.5 mm	7	7	0	0	塞尺		
9	4 与 5 对缝间隙 0.2～0.5 mm	7	7	0	0	塞尺		
10	5 与 6 对缝间隙 0.2～0.5 mm	7	7	0	0	塞尺		

续 表

序号	组合对缝修合与铆接操作评分表 考核要求	配分 T	评分标准			检测 工具	检测 结果	扣分
	图号 考号 总 分		$\leqslant T$	$>T,\leqslant 2T$	$>2T$			
11	4,6 与 7 对缝间隙 0.2～0.5 mm	7	7	0	0	塞尺		
12	铆接钉头质量(21 个)	10	10	0	0	钉头量规		
13	铆接镦头质量(21 个)	10	10	0	0	镦头量规		
14	夹层间隙≤0.3 mm	6	6	0	0	塞尺		
15	工件表面变形量 (平面度)＜0.4 mm	6	6	0	0	钢板尺、 塞尺		
16	外观及未注尺寸	畸形、未加工完等扣总分 5～10 分 每超差一处扣 1 分				目测		
17	技术安全与文明生产	违反有关规定扣总分 5～10 分				现场记录		
合 计		100 分						

复核人员	检 测 人 员		
	签 字	检测项目序号	

项目课题7 双圆弧对缝修合与铆接

项目课题7主要讲述双圆弧对缝修合与铆接任务实施工艺分析及材料、操作工量刀具、技术要求、相关专业知识,任务实施准备工作、操作步骤、注意事项及实施效果评价等内容。

教学要求

(1)学会根据图纸确定毛料尺寸。

(2)掌握双圆弧曲面的加工方法和对缝间隙的修合方法。

(3)加强铆接技能,减少零件的变形现象。

(4)掌握单板双分划线方法。

(5)学会分析课件存在的质量问题以及产生问题的原因,并提出预防措施。

内容框架图

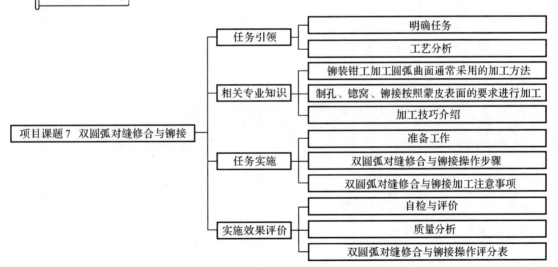

【任务引领】

一、明确任务

1.双圆弧对缝修合与铆接

按照图样(见图7.1)的要求进行零件加工。

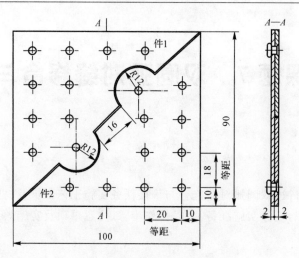

图 7.1 双圆弧对缝修合与铆接零件

2.技术要求

(1)外形尺寸、边距、间距公差为±0.5 mm;圆弧曲面距离为 16 mm,公差为±0.3 mm;圆弧 R12 mm 过渡圆滑。

(2)对缝间隙为 0.3~0.8 mm,要求间隙均匀。

(3)制孔、锪窝、铆接按照技术文件要求执行。

(4)件 1 铆钉为 4A1－105－4×8,件 2 铆钉为 4A1－114－3.5×8。

(5)外形阶差≤0.3 mm。

(6)试板表面无损伤,棱边无毛刺。

3.双圆弧对缝修合与铆接工量刀具清单

双圆弧对缝修合与铆接工量刀具清单见表 7.1。

表 7.1 双圆弧对缝修合与铆接工量刀具清单

双圆弧对缝修合与铆接 工量刀具清单			毛 坯 δ2 mm×100 mm×110 mm δ2 mm×92 mm×102 mm		材 料 2A12T4	数 量 各 1	图 号 MZ07
序号	名 称	规 格	数量	序 号	名 称	规 格	数量
1	风钻	Z801	1	12	弓形夹		3
2	风钻	Z601	1	13	平锉刀	200 mm	1
3	铆枪	M301	1	14	半圆锉	200 mm	1
4	钻头	ϕ3.6 mm	1	15	圆锉	200 mm	1
5	钻头	ϕ4.1 mm	1	16	铣轮	ϕ12 mm	1
6	钻头	ϕ2.7 mm	1	17	钢板尺	150 mm	1
7	钻头	ϕ8 mm	1	18	游标卡尺	150 mm	1
8	锪窝钻	ϕ4 mm×90°	1	19	直角尺	125 mm×200 mm	1
9	锪窝钻	ϕ3.5 mm×120°	1	20	万能角度尺	0°~320°	1
10	窝头	平	1	21	半径规	R7.5~R14.5 mm	1
11	顶铁		1				
备注	铆工常用工具						

二、工艺分析

1.图纸分析

(1)通过图纸分析,本项目加工除具有一般对缝修合的技术要求外,其对缝形面件 1 与件 2 各有一个凸形圆弧 R12 mm 为基准,而各自的凹形圆弧均以对方的凸形圆弧进行锉修加工。因此凸形圆弧在划线时位置要准确,中心距 16 mm 这个尺寸是关键,圆弧 R12 mm 各点尺寸要均匀(见图 7.2)。

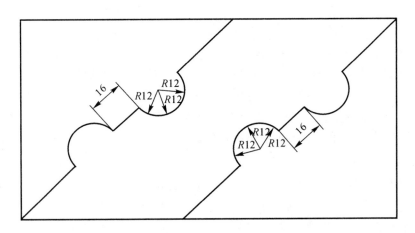

图 7.2　双圆弧对缝修合与铆接划线示意图 1

(2)件 1 与件 2 上凹形圆弧 R12 mm 面在修合时,分粗加工和精加工两道工序。粗加工时,只需将圆弧曲面锉修到原始线条,精加工时将曲线锉削到加粗线条的 1/2 即可。这样,在件 1 与件 2 对缝修合时,将中间存在的不均匀部分进一步锉修,达到要求即可。

2.斜面中心线的确定

件 1 与件 2 在划对缝线时,斜面上中心线位置的确定比较容易出错,容易将对角直接连线作为中心线,而正确的是将材料的两部分件 1 与件 2 分别划出 100 mm×90 mm 的外形,再取对角连线作为中心线(见图 7.3)。一旦忽视了这一点,零件将成为废品。

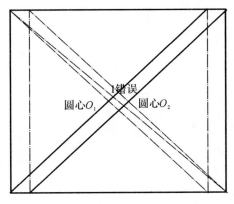

图 7.3　双圆弧对缝修合与铆接划线示意图 2

【相关专业知识】

一、铆装钳工加工圆弧曲面通常采用的加工方法

(1)铣轮铣切加工:根据圆弧半径的大小,选择直径合理的铣轮进行加工。铣轮通常分为两种,一种为直齿,一种为螺旋齿。两者的区别在于直齿铣切时振动较大,如果用力过猛,容易在加工面上铣出深痕;螺旋齿铣切时稳定性好,振动小,操作者易于稳定操作。这种方法一般用于排除余量粗加工。

(2)锉刀锉削:此种加工方法速度慢,但质量稳定,一般用于曲面精加工。

二、制孔、锪窝、铆接按照蒙皮表面的要求进行加工

(1)制孔时按照孔的位置度为±0.5 mm,垂直度为 0.05 mm 的要求进行加工。

(2)锪窝时严格控制窝的深度,用铆钉试窝,凸出量为 0.02~0.1 mm。

(3)沉头铆钉的钉头凸出量为 0.02~0.05 mm。

(4)镦头呈鼓形,高度 $H=0.4D$,直径 $D=(1.45\pm0.1)d$。

(5)铆接后试板表面和钉头不能有机械损伤。

三、加工技巧介绍

本课题的特点是件 1 与件 2 是完全相同的两个部分。因此在加工中,除了保证划线准确外,可按常规的加工方式将件 1 与件 2 分别加工(见图 7.4),还可以采用将件 1 与件 2 两件合在一起同时加工的方法。将件 1 与件 2 用弓形夹夹紧后(保证外形不允许有错位),依据划线进行加工,凸形圆弧面加工到线,凹形圆弧面多锉修 1/2 加宽的线条,直线部分线条也锉修 1/2 加宽的线条后,将两部分分开,检查对缝间隙,不合适的部位局部修整即可。

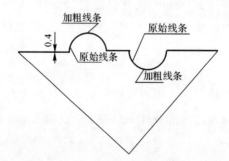

图 7.4　件 1 与件 2 两件合在一起同时加工

【任务实施】

一、准备工作

1.试板毛坯

检查毛坯尺寸:δ2 mm×92 mm×102 mm,δ2 mm×100 mm×110 mm。材料:2A12T4。数量:各 1 件。

2.工艺装备

Z601,Z801 风钻;M301 铆枪;顶把;平窝头;半圆窝头;$\phi4$ mm×90°,$\phi3.5$ mm×120°锪窝

钻;ϕ2.7 mm,ϕ3.6 mm,ϕ4.1 mm,ϕ8 mm 钻头;200 mm 铝平锉刀;200 mm 半圆锉;200 mm 圆锉;什锦锉;ϕ12 mm 铣轮;150 mm 或 300 mm 钢板尺;200 mm 直角尺;150 mm 游标卡尺;2B 铅笔。

二、双圆弧对缝修合与铆接操作步骤

1.外形加工

(1)用锉刀锉削或者用铣轮铣削 92 mm×102 mm 毛坯材料外形至尺寸为(90 mm×100 mm)±0.5 mm,四边垂直度为 90°±30′,去除各棱边毛刺,作为底板料待用。

(2)用锉刀锉削或者用铣轮铣削 100 mm×110 mm 毛坯材料外形,尽可能小地去除余量,保证四边垂直度为 90°±30′,去除各棱边毛刺。

2.划线、分割材料

(1)依据图样在第二块材料上划线,以外形为基准,左上边划出件 1 外形轮廓线,右下边划出相对应的件 2 的轮廓线。中间部分为分割区域。用合适的钻头按照钻排孔的方法将件 1 和件 2 分割,钻孔时尽量做到孔孔相切或相交,使材料自然分开。

(2)依据图样在底板料上划出中间对缝线,要求线条宽 0.5 mm,且均匀。

3.加工件 1

(1)依据划线锉修件 1 的对缝轮廓形状,控制尺寸 16 mm±0.3 mm,注意对称性。用铣轮或圆弧锉刀加工圆弧 R12 mm,注意圆弧过渡要圆滑,直线与曲线棱角要清晰。

(2)将件 1 放置在底板料上,保证在两边外形重合的情况下底板上的对缝线能清晰地露出来即可。

4.加工件 2

按照划线锉修配合面轮廓形状,并不断地放置在底板料上观察与件 1 的间隙,保证对缝间隙(0.3~0.8 mm)均匀,且外形无阶差。

5.划线

在件 1、件 2 上按照图样上铆钉的位置划出全部铆钉位置线。

6.制孔、锪窝、铆接

用弓形夹分别将件 1 与底板、件 2 与底板定位夹紧后,按照图样上铆钉的规格进行制孔、锪窝、铆接,并保证质量。对要求分解铆钉的位置按照要求进行铆钉分解,对只有制孔、锪窝、不铆接的特殊孔要认真检查窝的质量,不能进行铆接,否则将不符合要求。

7.外形修整

将加工结束的课件外观进行修整,去毛刺,对铆接不合格的铆钉进行分解后重新铆接,并用清洗剂将表面的划线全部清洗干净。

8.检查

依据图样对全部的尺寸要求进行复检。

三、双圆弧对缝修合与铆接加工注意事项

(1)在材料表面划线必须用 2B 铅笔,要求线条细而准,不允许用划针划线。钻孔时不允许打样冲眼。

(2)分割材料前将多余的线条擦掉后再钻孔,钻孔时注意钻孔的位置,避免出现钻错位置

造成废品。

（3）件1、件2上的圆弧 $R12$ mm锉修时要注意锉修的方法，曲面不要出现棱，而且要用半径规勤测量，避免出现曲面变形现象。

（4）钻排孔分割材料时，因直线处与曲线处的宽度不同，要注意根据宽度更换钻头。内外圆弧的方向不要钻错。同时钻完排孔后不允许出现强行将材料掰断的现象，防止材料产生变形。

（5）划铆钉孔位线时注意此课题的钉孔位置是从一边向另一边延续，不是两边对称的位置。

（6）进行铆接时注意对已经铆好的铆钉镦头和钉头的保护，不要出现被虎钳夹伤的现象。

（7）铆接前对所有的铆钉孔进行孔口去毛刺。

（8）操作者要有认真、仔细的态度，严格按照图纸要求进行加工。

【实施效果评价】

一、自检与评价

每位学生完成课题后，按照图样和评分标准认真检测每一项考核指标，对不符合要求的铆钉和超差的尺寸做出自检标记。

二、质量分析

学生针对自己在加工中出现的质量问题做出原因分析，并提出纠正措施，指导教师对全部学生的课件进行检测，并做好检测记录。对于学生在操作过程中普遍存在的操作方法、检测方法、技术安全等方面的问题，分析产生错误的原因，提出纠正措施，避免类似的问题重复发生。

三、双圆弧对缝修合与铆接操作评分表

双圆弧对缝修合与铆接操作评分表见表7.2。

表7.2 双圆弧对缝修合与铆接操作评分表

双圆弧对缝修合与铆接操作评分表		图号		考号		总分		
		MZ07						
序号	考核要求	配分 T	评分标准			检测工具	检测结果	扣分
			$\leq T$	$>T,\leq 2T$	$>2T$			
1	90 mm±0.5 mm	4	4	0	0	钢板尺		
2	100 mm±0.5 mm	4	4	0	0	钢板尺		
3	四边互垂90°±30′	4	4	0	0	直角尺		
4	边距 10 mm±0.5 mm（16处）	8	8	0	0	钢板尺		
5	间距 18 mm±0.5 mm（10处）	5	5	0	0	钢板尺		
6	间距 20 mm±0.5 mm（10处）	5	5	0	0	钢板尺		
7	定位尺寸 16 mm±0.3 mm	4	4	0	0	游标卡尺		
8	$R12$ mm 过渡圆弧（2处）	6	6	0	0	半径规		
9	对缝间隙 0.3~0.8 mm，要求间隙均匀（5处）	15	15	0	0	塞尺		

续　表

双圆弧对缝修合与铆接操作评分表		图　号		考　号		总　分		
		MZ07						
序号	考核要求	配分 T	评分标准			检测工具	检测结果	扣分
			$\leqslant T$	$>T,\leqslant 2T$	$>2T$			
10	钉头质量(20 处)	20	20	0	0	钉头量规		
11	镦头质量(20 处)	20	20	0	0	镦头量规		
12	外形阶差≤0.3 mm	5	5	0	0	目测		
13	表面质量	表面划伤、撞伤、机械损伤每处扣 1 分				目测		
14	技术安全与文明生产	违反有关规定扣总分 5～10 分				现场记录		
	合　　计	100 分						

检　测：　　　　　　　年　月　日

【课后思考与练习】

(1)铆装钳工修整内圆弧通常使用的加工方法是什么？

(2)使用铣轮铣削余量时应注意什么？

(3)此课题在长方体和正方体上划出的中心线一样吗？

(4)如图 7.5 所示，进行双圆弧对缝修合与铆接训练。评分表见表 7.3，技术要求如下：

1)外形尺寸、边距、间距公差为±0.5 mm，圆弧 $R10$ mm 过渡圆滑。

2)制孔、镦窝、铆接按照技术文件要求执行。

3)外形阶差≤0.3 mm。

4)棱边无毛刺，表面无划伤。

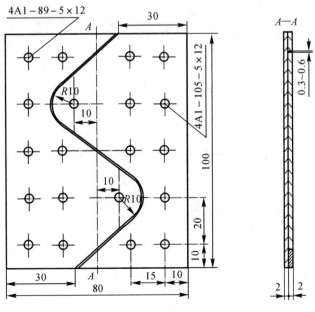

图 7.5　双圆弧对缝修合与铆接训练

表 7.3　双圆弧对缝修合与铆接操作评分表

双圆弧对缝修合与铆接操作评分表		图　号		考　号	总　分		
序号	考核要求	配分 T	评分标准			检测工具	检测结果	扣分
			$\leqslant T$	$>T,\leqslant 2T$	$>2T$			
1	(100 mm×80 mm)±0.5 mm	8	8	0	0	钢板尺		
2	四边互垂 90°±30′	2	2	0	0	直角尺		
3	尺寸 30 mm±0.5 mm(2 处)	4	4	0	0	游标卡尺		
4	定位尺寸 R10 mm±0.5 mm(2 处)	2	2	0	0	游标卡尺		
5	R10 mm 过渡圆滑(2 处)	6	6	0	0	R 规		
6	铆钉边距 10 mm±0.5 mm(18 处)	6	6	0	0	钢板尺		
7	铆钉间距 20 mm±0.5 mm(12 处)	3	3	0	0	钢板尺		
8	铆钉间距 15 mm±0.5 mm(8 处)	2	2	0	0	钢板尺		
9	对缝间隙 0.3～0.6 mm(5 处)	15	5	0	0	塞尺		
10	铆接钉头质量(20 个)	20	20	0	0	钉头量规		
11	铆接镦头质量(20 个)	10	10	0	0	镦头量规		
12	夹层间隙≤0.3 mm	4	4	0	0	塞尺		
13	工件表面变形量(平面度)<0.4 mm	4	4	0	0	钢板尺、塞尺		
14	外形阶差≤0.3 mm	4	4	0	0	目测		
15	外观及未注尺寸	畸形、未加工完等扣总分 5～10 分 每超差一处扣 1 分				卡尺、目测		
16	技术安全与文明生产	违反有关规定扣总分 5～10 分				现场记录		
合　计		100 分						

复核人员	检 测 人 员		
	签　字	检测项目序号	

项目课题 8　腰形口盖修合与铆接

项目课题 8 主要讲述腰形口盖修合与铆接任务实施工艺分析及材料、操作工量刀具、技术要求、相关专业知识,任务实施准备工作、操作步骤、注意事项及实施效果评价等内容。

教学要求

(1)学会识读和分析口盖修合与铆接课题的图纸。

(2)学会确定口盖修合课题的基准件以及加工方法。

(3)掌握正确的口盖修合间隙的加工方法。

(4)能用正确的方法制出合格的互换孔。

(5)学会分析课件存在的质量问题以及产生问题的原因,并提出预防措施。

(6)遵守安全操作规定。

内容框架图

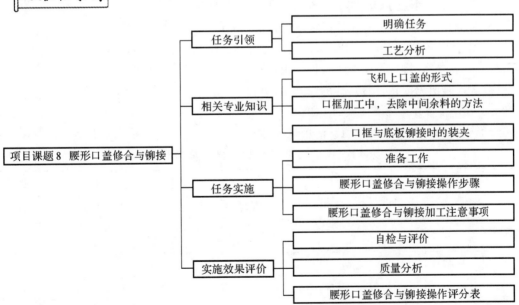

【任务引领】

一、明确任务

1.腰形口盖修合与铆接

按照图样(见图 8.1)的要求进行零件加工。

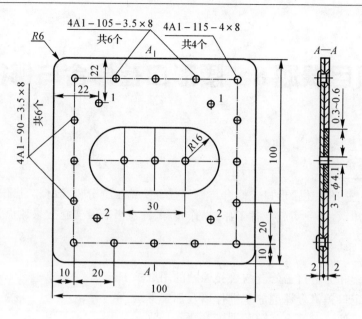

图 8.1　腰形口盖修合与铆接零件

2.技术要求

(1)外形尺寸、边距、间距公差为±0.5 mm,孔距 30 mm 的公差为±0.3 mm,圆弧 $R16$ mm 过渡圆滑。

(2)口盖修合间隙为 0.3～0.6 mm,要求口盖转位间隙均匀。

(3)互换孔 3 - $\phi4.1$ mm 在口盖转位时错位误差≤0.3 mm。

(4)图中标识 1 为 $\phi4$ mm×120°制孔、锪窝、不铆接,标识 2 为 $\phi3.5$ mm×90°铆接后分解铆钉。

(5)制孔、锪窝、铆接按照技术文件要求执行。

(6)试板表面无损伤,棱边无毛刺。

3.腰形口盖修合与铆接工量刀具清单

腰形口盖修合与铆接工量刀具清单见表 8.1。

表 8.1　腰形口盖修合与铆接工量刀具清单

腰形口盖修合与铆接 工量刀具清单			毛坯	材料	数量	图号
			$\delta2$ mm×102 mm×102 mm $\delta2$ mm×35 mm×65 mm	2A12T4	2件 1件	MZ08
序号	名称	规格	数量	序号	名称	规格	数量
1	风钻	Z801	1	12	平锉刀	200 mm	1
2	风钻	Z601	1	13	半圆锉	200 mm	1
3	铆枪	M301	1	14	圆锉	200 mm	1
4	钻头	$\phi3.6$ mm	1	15	钢板尺	150 mm	1
5	钻头	$\phi4.1$ mm	1	16	游标卡尺	150 mm	1
6	钻头	$\phi2.7$ mm	1	17	直角尺	125 mm×200 mm	1
7	锪窝钻	$\phi3.5$ mm×90°	1	18	半径规	$R15$～$R25$ mm	1

续 表

腰形口盖修合与铆接 工量刀具清单			毛　坯		材　料	数　量	图　号
			$\delta 2$ mm$\times$102 mm$\times$102 mm		2A12T4	2件	MZ08
			$\delta 2$ mm$\times$35 mm$\times$65 mm			1件	
序　号	名　称	规　格	数　量	序　号	名　称	规　格	数　量
8	锪窝钻	$\phi 4$ mm$\times$120°	1	19	铣轮	$\phi 20$ mm	1
9	窝头	半圆、平	各1				
10	顶铁		1				
11	弓形夹		3				
备注	铆工常用工具						

二、工艺分析

1.图纸分析

(1)根据图纸和技术要求明确图纸加工内容,包括课题由口盖、口框和底板三部分铆装而成。

(2)根据图纸上口盖与口框间隙处尺寸标注箭头所指的位置可判定出基准件为腰形口盖。

(3)明确图纸上标注所用铆钉种类、规格和数量。

(4)根据图纸确定正确的加工方法和顺序。

2.口盖加工

本课题要保证口盖与口框修合后的间隙均匀,口盖在加工中必须严格控制平行面间距 32 mm 的精度。同时,$R16$ mm 两个半圆左右对称,圆弧中心到圆弧上任何一点都要符合16 mm 尺寸。圆弧与直线相切处是加工中的难点,很容易出现锉修超差而使切点移位的现象。

3.口框加工

在口框加工中,中间的腰形部分的划线是根据口盖的实际加工尺寸而决定的,因此口盖加工好后,只需要将其放置在口框的中间位置处,划出轮廓线即可。

4.互换孔加工

互换孔在加工中为了保证间隙均匀而孔不错位的要求,采用的是垫纸消除间隙的方法。而且钻孔加工时需要采用多个不同直径的钻头依次借孔、引孔、扩孔,最终将孔加工合格并具有互换性。

【相关专业知识】

一、飞机上口盖的形式

飞机上口盖的形式如图 8.2 所示。

腰形口盖　　　椭圆形口盖　　　方形口盖

图 8.2　飞机上口盖的形式

二、口框加工中,去除中间余料的方法

口框加工中,去除中间余料采用的是钻排孔的方法。钻孔时尽量要做到孔孔相切,不要在孔与孔之间留有太大的间隙。因为口框中间是封闭式的,而且操作中不允许使用錾子进行錾削,以防止口框变形,所以去除余料时,风钻要拿稳,目测孔距要准确,不能出现跑钻,更不能出现钻过线的情况。

三、口框与底板铆接时的装夹

在进行口框与底板铆接时,首先要清理干净零件表面,然后将口框与底板两块料重合整齐,不能出现错位的现象。用弓形夹夹住平行两边,再将零件的1/2夹入钳口内进行钻孔。先钻中间两个孔,取下材料,清理干净两层料中间的金属屑后用快速定位销定好位置,再钻削其他位置的孔。

【任务实施】

一、准备工作

1.试板毛坯

检查毛坯尺寸:$\delta2$ mm×35 mm×65 mm,$\delta2$ mm×102 mm×102 mm。材料:2A12T4。数量:$\delta2$ mm×35 mm×65 mm,1件;$\delta2$ mm×102 mm×102 mm,2件。

2.工艺装备

Z601,Z801 风钻;M301 铆枪;顶把;平窝头;半圆窝头;$\phi4$ mm×120°,$\phi3.5$ mm×90°锪窝钻,$\phi2.7$ mm,$\phi3.6$ mm,$\phi4.1$ mm,$\phi8$ mm 钻头;200 mm 铝锉刀;200 mm 半圆锉;200 mm 圆锉;$\phi20$ mm 铣轮;150 mm 或 300 mm 钢板尺;200 mm 直角尺;150 mm 游标卡尺;$R15\sim R25$ mm 半径规;2B 铅笔;$\delta1$ 包装纸若干。

二、腰形口盖修合与铆接操作步骤

1.腰形口盖加工

(1)在毛坯料上按照图纸划出腰形口盖的轮廓线,要求线条清晰而准确,如图 8.3 所示。

(2)用锉刀锉削或者用铣轮铣削平行面外形至尺寸 32 mm,以及 $R16$ mm 圆弧面。要求相对于中心线要保证对称性且圆弧过渡圆滑,用半径规检查合格。

(3)将口盖放到白纸上,用铅笔贴近根部画出外形轮廓线(见图 8.4),并根据方向做出标记。将口盖旋转、翻转检查与原始图样的重合性,找出不重合点进行修整,保证能完全重合后去除各棱边毛刺,保留对称中心线清晰待用。

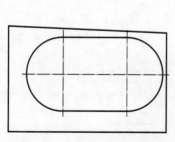

图 8.3 腰形口盖的轮廓线

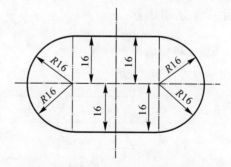

图 8.4 贴近根部画出外形轮廓线

2.口框加工

(1)用锉刀锉削或用铣轮铣削 102 mm×102 mm 材料外形,加工到图样要求的尺寸 (100 mm×100 mm)±0.5 mm,保证外形垂直度为 90°±30′,去除棱边毛刺。

(2)根据口框外形实际尺寸划出对称中心线。将加工好的腰形口盖放置在口框上,将口盖的中心线与口框的中心线重合后,用铅笔贴近口盖的根部在口框上划出外形轮廓线,控制线条的宽度为 0.6 mm,如图 8.5 所示。

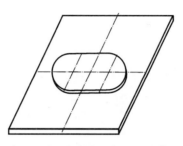

图 8.5　贴近口盖的根部在口框上画出外形轮廓线

(3)用 φ4.1 mm 钻头按照钻排孔的方法在口框的线内钻出一圈的孔,尽量做到孔孔相切,未切开的位置用钻头的副切削刃将孔锪通,将中间多余的料取下来。

(4)用半圆锉刀锉削或用铣轮粗加工铣削口框内的余料。

1)粗加工至轮廓线的内侧,用口盖试检配合状态,口盖应完全能够放入口框内,并达到紧配合。

2)进入精加工,将 0.6 mm 宽的轮廓线锉修 0.5～0.3 mm 宽,这时口盖放入口框内一周能达到 0.3 mm 的配合间隙。

3)将口盖进行转位,检测间隙的均匀性并进行修整,直至达到技术要求。

4)去除口框内各棱边所有毛刺。

5)按照图样上所有铆钉孔的位置在口框上划线。

6)用 φ2.7 mm 钻头在所有孔位上钻出导孔。

3.底板加工

用锉刀锉削或用铣轮铣削 102 mm×102 mm 底板料外形,加工到口框的外形尺寸为 (100 mm×100 mm)±0.5 mm,保证外形垂直度为 90°±30′,去除棱边毛刺。

4.制孔、锪窝、铆接

(1)用 φ2.7 mm 钻头钻出导孔。

(2)用弓形夹将口框与底板定位夹紧后,进行扩孔、锪窝、铆接,并保证质量。

(3)按照图样与技术要求将特殊位置的制窝、分解铆钉工序进行加工。

5.互换孔加工

(1)根据口盖与口框的间隙大小,将相应厚度的包装纸垫在口盖下面并用手压入口框内,用弓形夹夹紧。

(2)用 φ2.7 mm 的钻头先钻出中间位置的导孔后,将口盖转位,检查孔是否有错位,然后用钻头进行相应的修正,最终扩至 ϕ4.1 mm。

(3)顺次用 ϕ2.7 mm,ϕ3.6 mm,ϕ4.1 mm 钻头钻削口盖上一侧的孔,保证孔距15 mm,翻转不错位。

(4)将口盖转位放入口框内,此时一侧口盖有孔,底板无孔,另一侧口盖无孔,底板有孔。用 ϕ4.1 mm 钻头分别透孔。

(5)用大钻头去除孔口毛刺,倒 R0.3 mm 的圆角。

6.圆角加工

在铆接完成后的试板四个角上分别划出 R6 mm 的圆角,锉削加工至合格,并去毛刺。

7.外形修整

将加工结束的课件外观进行修整,包括去毛刺、对铆接不合格的铆钉进行分解后重新铆接,并用清洗剂将表面的划线全部清洗干净。

8.检查

依据图样对全部的尺寸要求进行复检。

三、腰形口盖修合与铆接加工注意事项

(1)在材料表面划线必须用 2B 铅笔,要求线条细而准,不允许用划针划线。钻孔时不允许打样冲眼。

(2)在口框料上钻排孔去除余料时,夹持位置既要便于目测钻孔位置又要牢靠,以免钻孔时出现跑钻划伤表面的现象。

(3)口盖锉削加工时注意平面与曲面的切点位置,以免切点位移造成外形不对称。

(4)口框底板定位夹紧时,保证外形一致,避免产生阶差。

(5)铆接前对所有的铆钉孔进行孔口去毛刺。

(6)铆接时注意对已经铆好的铆钉镦头和钉头的保护,不要出现被虎钳夹伤的现象。

(7)互换孔加工时不要怕麻烦,避免直接用 ϕ4.1 mm 钻头钻孔而达不到互换的要求。

(8)操作者进行每一道工序操作时要有认真、仔细的态度。

【实施效果评价】

一、自检与评价

每位学生完成课题后,按照图样和评分标准认真检测每一项考核指标,对不符合要求的铆钉和超差的尺寸做出自检标记。

二、质量分析

学生针对自己在加工中出现的质量问题做出原因分析,并提出纠正措施,指导教师对全部学生的课件进行检测,并做好检测记录。对于学生在操作过程中普遍存在的操作方法、检测方法、技术安全等方面的问题,分析产生错误的原因,提出纠正措施,避免类似的问题重复发生。

三、腰形口盖修合与铆接操作评分表

腰形口盖修合与铆接操作评分表见表 8.2。

表 8.2 腰形口盖修合与铆接操作评分表

腰形口盖修合与铆接操作评分表		图 号		考 号	总 分		
		MZ08					
序号	考核要求	配分 T	评分标准			检测工具	检测结果	扣分
			$\leqslant T$	$>T,\leqslant 2T$	$>2T$			
1	100 mm±0.5 mm	4	4	0	0	游标卡尺		
2	100 mm±0.5 mm	4	4	0	0	游标卡尺		
3	四边互垂 90°±30′	2	2	0	0	直角尺		
4	4-R6 mm 过渡圆滑(4 处)	4	4	0	0	半径规		
5	边距 10 mm±0.5 mm(20 处)	5	5	0	0	钢板尺		
6	间距 20 mm±0.5 mm(16 处)	4	4	0	0	钢板尺		
7	边距 22 mm±0.5 mm(8 处)	2	2	0	0	钢板尺		
8	口盖孔距 30 mm±0.3 mm	3	3	0	0	游标卡尺		
9	R16 mm 过渡圆滑(2 处)	4	4	0	0	半径规		
10	修合间隙 0.3~0.6 mm，要求间隙均匀	16	16	0	0	塞尺		
11	口盖转位间隙均匀	4	4	0	0	目测		
12	互换孔错位误差≤0.3 mm(3 孔)	4	4	0	0	目测		
13	钉头质量(16 处)	16	16	0	0	钉头量规		
14	镦头质量(16 处)	16	16	0	0	镦头量规		
15	铆钉分解质量(2 处)	4	4	0	0	目测		
16	窝质量(2 处)	4	4	0	0	窝量规		
17	外形阶差≤0.2 mm	4	4	0	0	目测		
18	表面质量	表面划伤、撞伤、机械损伤每处扣 1 分				目测		
19	技术安全与文明生产	违反有关规定扣总分 5~10 分				现场记录		
合　　计		100						

检　测：　　　　　　　　　　　年　月　日

【课后思考与练习】

(1)飞机上口盖的作用是什么？

(2)去除口框内部余料的方法是什么？和钳工使用的工具一样吗？

（3）铆接装配中装夹定位的方法有哪些？各有什么优点？

（4）如图 8.6 所示，进行圆形口盖修合与铆接训练。评分表见表 8.3，技术要求如下：

1）制孔、锪窝、铆接按技术文件要求执行。

2）外形尺寸、边距、间距公差为 ±0.5 mm。

3）口盖尺寸 ϕ60 mm、孔距公差为 ±0.3 mm。

4）互换孔 ϕ4.1 mm 转位不错位，修合间隙为 0.3～0.6 mm。

5）棱边无毛刺，表面无压伤等机械损伤。

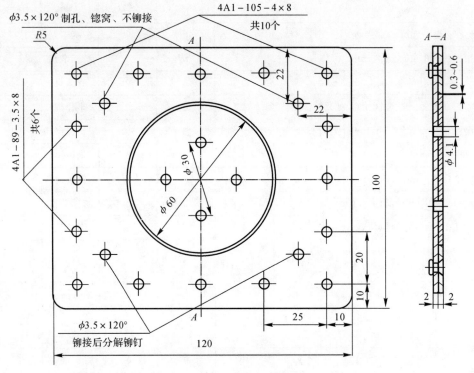

图 8.6　圆形口盖修合与铆接训练

表 8.3　圆形口盖修合与铆接操作评分表

圆形口盖修合与铆接操作评分表		图　号		考　号		总　分	
序号	考核要求	配分 T	评分标准			检测工具	检测结果	扣分
			$\leq T$	$>T,\leq 2T$	$>2T$			
1	(120 mm×100 mm)± 0.5 mm	2	2	0	0	游标卡尺		
2	四边互垂 90°±30′	2	2	0	0	直角尺		
3	R5 mm(4 处)	2	2	0	0	半径规		
4	ϕ60 mm±0.3 mm	6	6	0	0	游标卡尺		

续 表

圆形口盖修合与铆接操作评分表		图 号		考 号		总 分		
序号	考核要求	配分 T	评分标准			检测工具	检测结果	扣分
			$\leqslant T$	$>T, \leqslant 2T$	$>2T$			
5	孔距 15 mm±0.3 mm(4 处)	8	8	0	0	游标卡尺		
6	边距 10 mm±0.5 mm(20 处)	10	10	0	0	钢板尺		
7	间距 20 mm±0.5 mm(16 处)	8	8	0	0	钢板尺		
8	边距(22 mm×22 mm)± 0.5 mm(8 处)	4	4	0	0	钢板尺		
9	修合间隙 0.3~0.6 mm(8 处)	12	12	0	0	塞尺		
10	口盖转位互换	4	4	0	0	目测		
11	互换孔 $\phi 4.1$ mm(5 处)	4	4	0	0	目测		
12	钉头质量(20 处)	20	20	0	0	钉头量规		
13	镦头质量(20 处)	10	10	0	0	钉头量规		
14	$\phi 3.5$ mm×120°制孔、锪窝、不铆接质量(2 处)	4	4	0	0	窝量规		
15	$\phi 3.5$ mm×120°铆接后分解铆钉质量(2 处)	4	4	0	0	目测		
16	外观及未注尺寸	畸形、未加工完等扣总分 5~10 分 每超差一处扣 1 分				卡尺、目测		
17	技术安全与文明生产	违反有关规定扣总分 5~10 分				现场记录		
合 计		100 分						
复核人员		检 测 人 员						
		签 字		检测项目序号				

项目课题 9　扇形口盖修合与铆接

项目课题 9 主要讲述扇形口盖修合与铆接任务实施工艺分析及材料、操作工量刀具、技术要求、相关专业知识、任务实施准备工作、操作步骤、注意事项及实施效果评价等内容。

教学要求

(1)提高识读图纸能力,确定合理的加工方法。
(2)掌握扇形基准件划线技巧及加工方法。
(3)掌握扇形基准件对称度检测方法。
(4)掌握间隙修合的操作方法及互换性的控制。
(5)熟练掌握互换孔的加工方法及操作步骤。
(6)遵守安全操作规定。

内容框架图

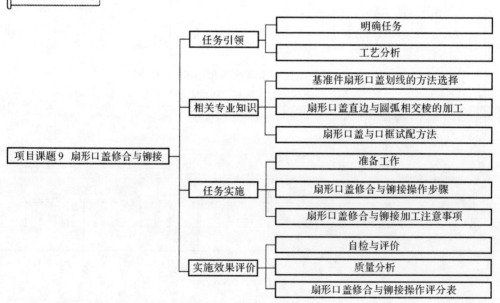

【任务引领】

一、明确任务

1.扇形口盖修合与铆接

按照图样(见图 9.1)的要求进行零件加工。

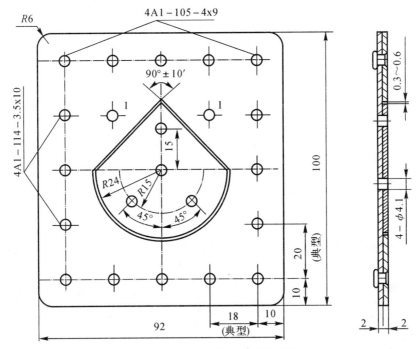

图 9.1 扇形口盖修合与铆接零件

2.技术要求

(1)外形尺寸公差为±0.8 mm,边距、间距尺寸公差为±0.5 mm,口盖圆弧 *R*24 mm 公差为±0.3 mm 且过渡圆滑。

(2)制孔、锪窝、铆接按照技术文件要求执行。

(3)口盖与口框修合间隙为 0.3～0.6 mm,要求翻转互换间隙均匀。

(4)互换孔 4 - ϕ4.1 mm,翻转互换错位误差≤0.1 mm。

(5)图中标识 1 为 ϕ3.5 mm×120°铆钉,铆接后需分解铆钉。

(6)铆接后外形阶差≤0.1 mm。

(7)棱边无毛刺,表面无划伤。

3.扇形口盖修合与铆接工量刀具清单

扇形口盖修合与铆接工量刀具清单见表 9.1。

表 9.1 扇形口盖修合与铆接工量刀具清单

扇形口盖修合与铆接 工量刀具清单	毛坯		材料	数量	图号
	δ2 mm×102 mm×95 mm		2A12T4	2件	MZ09
	δ2 mm×50 mm×50 mm			1件	

序 号	名 称	规 格	数 量	序 号	名 称	规 格	数 量
1	风钻	Z601	1	12	毛刺锪	ϕ10 mm	1
2	风钻	Z801	1	13	什锦锉	ϕ5 mm×200 mm×10 支	1 套
3	铆枪	M301	1	14	钻头	ϕ2.7 mm,ϕ3.6 mm	各 1

续 表

序号	名 称	规 格	数量	序号	名 称	规 格	数量
扇形口盖修合与铆接 工量刀具清单				毛 坯		材 料	数 量	图 号
				$\delta2$ mm×102 mm×95 mm $\delta2$ mm×50 mm×50 mm		2A12T4	2件 1件	MZ09
4	顶铁		1	15	钻头	$\phi4.1$ mm	1
5	平窝头		1	16	铣轮	$\phi20$ mm	1
6	弓形夹		4	17	快速定位销	$\phi2.7$ mm	10
7	平锉刀	200 mm	1	18	游标卡尺	0~150 mm	1
8	半圆锉	200 mm	1	19	钢板尺	150 mm	1
9	圆锉	150 mm	1	20	直角尺	125 mm×200 mm	1
10	锪窝钻	$\phi4$ mm×120°	1	21	半径规	$R1$~$R7$ mm, $R15$~$R25$ mm	各1
11	锪窝钻	$\phi3.5$ mm×90°	1				
备注	铆工常用工具						

二、工艺分析

(1)图纸分析。根据图纸尺寸标注和技术要求的内容,确定本课题的加工基准件为扇形口盖。因此,明确本课题需要先加工扇形口盖,再依据口盖的实际尺寸进行口框的修合加工及间隙修配,最后是装配铆接以及互换孔的加工。

(2)基准件扇形口盖是左右对称件,加工中的难点是两条直角边互相垂直且等长,加工时一旦出现一条边过线超差,就会出现两条直角边不等长,影响互换性。如果修整后保证对称,将两边加工等长,圆弧半径 $R24$ mm 就会超差。因此,选择合理的划线方法尤为重要,这样才能既能保证垂直度又能保证互换性。通过图纸分析,可以利用毛坯材料外形,加工出一组互相垂直的边作为扇形口盖的直角边。然后只需要划出 $R24$ mm 的半圆圆弧线,认真仔细加工至合格,保证 $R24$ mm 的半圆过渡圆滑且对称即可。

(3)互换孔的划线。扇形口盖上有四个 $\phi4.1$ mm 互换孔,其中有两个在 $R24$ mm 半圆圆弧的45°位置上,因此,互换孔位置划线必须是在划扇形外形线的时候同时完成的,不能在口盖外形加工完成后再划孔位线,因为45°孔位线不便于划准位置。同时,考虑到在加工过程中划线会被摩擦导致不清晰或者出现消失的情况,划完线后在三个孔位处用 $\phi2.7$ mm 钻头轻微"打点",由于半圆上的两个孔是对称的,选择一个位置即可,所以只需要在三个位置"打点"。"打点"要求孔位准、深度浅。

【相关专业知识】

一、基准件扇形口盖划线的方法选择

基准件扇形口盖划线的方法选择很关键,既要便于加工又要保证质量。一般划线的方法如图9.2(a)所示,在进行分析后,确定合理的划线方法,如图9.2(b)所示。

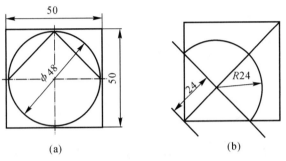

(a)　　　　　　　　　　　　　　　(b)

图 9.2　扇形口盖划线方法的对比

(a)一般划线方法;(b)合理的划线方法

通过比较,发现用一般划线方法在加工时扇形周边都需要去除余料,这样在加工时就会有尺寸超差的风险。合理的划线方法是将垂直两边加工合格,再划线,这样后面加工时只有扇形半圆弧面需要去除余料再加工,难度会降低很多,而且能够节省时间。

二、扇形口盖直边与圆弧相交棱的加工

无论是口盖还是口框,加工中直角边的清根和直边与圆弧的交点都是加工难点,交点棱线要清晰可见,不能出现棱线变圆弧的情况,如图9.3所示。因此,在去除余料时,要选用合适直径的钻头,尽可能较少堆积根部余料。加工时,直边的余量要均匀去除,不能先去除根部以外的部分,导致根部出现因加工面积太小,刀具放置不稳,而不便于切削加工的困难。直面与圆弧面同时存在时,要先加工直面,后加工圆弧面。在交点处注意刀具的稳定性,避免出现加工一个面而损伤另一个面的情况。因此,刀具的握持要稳,切削行程要短。尤其是曲面,不论是采用铣轮铣削还是锉刀锉削,加工位置要准,不能出现刀具滑移的现象。

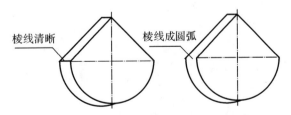

图 9.3　扇形口盖直边与圆弧相交的棱

三、扇形口盖与口框试配方法

扇形口盖与口框间隙修合时,口框内形面余料去除后,先将锯齿形面用锉刀或铣轮去除大余量,然后加工直角边。直面便于锉削加工,操作时注意直角边的清根(可采用什锦锉),并用口盖的直角面试配检查角度与间隙的大小。然后通过口盖 R24 mm 圆弧面与口框圆弧面透

光的大小确定加工的位置,进行铣削或锉削加工。这一步的操作不能急躁,否则容易出现圆弧面加工缺损致使间隙过大。这样边试配边修整,逐步将间隙修配合格,并达到互换要求,如图9.4所示。

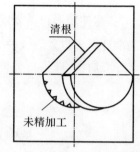

图9.4 扇形口盖与口框试配方法

【任务实施】

一、准备工作

1.试板毛坯

检查毛坯尺寸:$\delta 2$ mm×50 mm×50 mm,$\delta 2$ mm×102 mm×95 mm。材料:2A12T4。数量:$\delta 2$ mm×50 mm×50 mm,1件;$\delta 2$ mm×102 mm×95 mm,2件。

2.工艺装备

Z601,Z801 风钻;M301 铆枪;顶把;平窝头;$\phi 3.5$ mm×120°,$\phi 4$ mm×90°锪窝钻;$\phi 2.7$ mm,$\phi 3.6$ mm,$\phi 4.1$ mm钻头;200 mm平锉刀;200 mm半圆锉;150 mm圆锉;$\phi 20$ mm铣轮;$\phi 10$ mm毛刺锪;$\phi 5$×200 mm什锦锉;1寸弓形夹;$\phi 2.7$定位销;150 mm钢板尺;200 mm×125 mm直角尺;150 mm游标卡尺;$R1～R7$ mm,$R15～R25$ mm半径规;2B铅笔;包装纸若干。

二、扇形口盖修合与铆接操作步骤

1.扇形口盖加工

(1)用直角尺测量毛坯外形四边垂直度,选出一组垂直度误差最小的边进行外形加工(误差小锉削余量就小),只需要锉削出精度符合$90°±10'$要求的直角边即可。

(2)依据图纸,将已加工好的直角边作为扇形口盖图形的直角边,划出$R24$ mm半圆圆弧位置线。在划角平分线时,先以两个直角边作为基准,划平行线形成正方形方框后连接对角线,在对角线上量取24 mm尺寸点为圆弧$R24$ mm中心点,划出$R24$ mm半圆圆弧线。

(3)检查划线的准确性。测量位置如图9.5所示,A尺寸两处相等,如果尺寸不相等,说明对角线偏位,需要重新划。多点测量圆弧$R24$ mm尺寸,减少划线存在的误差。

(4)依据图纸划出互换孔位置线并检查划线的准确性后,用$\phi 2.7$ mm钻头在三处"打点",如图9.6所示。

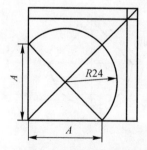

图9.5 扇形口盖划线及检测位置图

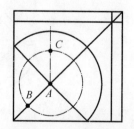

图9.6 扇形口盖互换孔"打点"位置

(5)钻排孔去除$R24$ mm周边的余料后,用铣轮铣削或者锉削半圆圆弧,注意两个交点棱线清晰,圆弧过渡圆滑。

(6)检查对称性。将口盖放在纸上,贴近根部画出外形轮廓线后,翻转检查对称性。对有问题的位置进行锉修,直至达到要求。此时口盖外形尺寸应该为 48 mm×48 mm。

2.口框加工

(1)用锉刀锉削或用铣轮铣削 102 mm×95 mm 口框毛坯料外形,直至达到要求尺寸 (100 mm×92 mm)±0.8 mm,保证外形垂直度为 90°±30′,去除棱边毛刺。

(2)划出口框对称中心线,将口盖的对称中心线与口框中心线重合后,用铅笔沿着口盖外形贴近根部划出轮廓线。线条要求清晰、均匀。

(3)钻排孔去除口框中间的余料后,先用铣轮粗加工去除余量,对于交点位置要用锉刀锉削加工。接着精加工两条垂直边,根部要清根,并用口盖直角边试配检查。最后锉削或铣削 R24 mm 内圆弧面,特别注意交点位置的锉削,慢而精细,避免出现缺损,造成间隙过大。

(4)用口盖试配检查间隙均匀性以及翻转间隙的均匀性,对于间隙不均匀处要找准位置,确定问题点后再进行加工,以符合要求。

(5)去除扇形内形面周边的毛刺。去毛刺最好是每次锉削或铣削结束及时去除,否则最后一起去除时,会出现毛刺堆积,去除困难,甚至会将棱边形成倒角或者划伤表面。

3.底板加工

用锉刀锉削或用铣轮铣削 102 mm×95 mm 底板料外形,直至达到与口框外形尺寸一致,保证外形垂直度为 90°±30′,去除棱边毛刺。

4.划线

在口框上依据图纸划出所有铆钉孔位置线。

5.制孔、锪窝、铆接

(1)用 ϕ2.7 mm 钻头在口框上制出所有导孔。

(2)用弓形夹将口框与底板定位夹紧后,四角用 ϕ2.7 mm 钻头透孔,用快速定位销进行拉紧连接,替代弓形夹。按照图样上铆钉的规格进行扩孔、锪窝、铆接,并保证质量。

(3)完成图纸上标识 1 处的铆钉分解加工要求,符合操作方法并达到合格。

6.互换孔加工

内容略。

7.圆角加工

在铆接完成后的试板四个角上分别划出 R6 mm 的圆角,锉削加工至合格,去毛刺。

8.外形修整

将加工结束的试板外观进行修整,对铆接质量不好或不合格的铆钉进行分解后重新铆接。将试板外形用锉刀修整成长纹,使整个外形锉刀纹成一体,去除毛刺。然后用清洗剂将试板表面擦拭干净。

9.检查

依据图纸对课件所有加工尺寸进行复查。

三、扇形口盖修合与铆接加工注意事项

(1)分析图纸要全面,确定合理的加工方法是关键。

(2)口盖划线要准确,减少对称度的误差。

(3)口盖加工时直面与曲面的交点棱线要清晰,避免出现圆弧。

(4)口框划扇形线时注意方向,避免与图纸不符。

(5)口框去除余料时在转角处选用合适的钻头,减少余量的堆积。

(6)口框加工时内形面要清根,避免出现加工缺损。

（7）铆钉分解选用钻头要合适，定位要准确，避免将孔径扩大。

（8）互换孔钻削时，45°位置不能同时钻出来，避免出现孔错位的现象。

（9）锉削或铣削加工时要及时清理毛刺，避免毛刺堆积，导致最后难以清除。

【实施效果评价】

一、自检与评价

每位学生完成课题后，按照图样和评分标准认真检测每一项考核指标，对不符合要求的铆钉和超差的尺寸做出自检标记。

二、质量分析

学生针对自己在加工中出现的质量问题做出原因分析，并提出纠正措施，指导教师对全部学生的课件进行检测，并做好检测记录。对于学生在操作过程中普遍存在的操作方法、检测方法、技术安全等方面的问题，分析产生错误的原因，提出纠正措施，避免类似的问题重复发生。

三、扇形口盖修合与铆接操作评分表

扇形口盖修合与铆接操作评分表见表 9.2。

表 9.2　扇形口盖修合与铆接操作评分表

扇形口盖修合与铆接操作评分表		图　号	考　号		总　分		
		MZ09					
序号	考核要求	配分 T	评分标准			检测工具	检测结果	扣分
			$\leqslant T$	$>T,\leqslant 2T$	$>2T$			
1	100 mm±0.8 mm	5	5	0	0	钢板尺		
2	92 mm±0.8 mm	5	5	0	0	钢板尺		
3	四边互垂 90°±30′	4	4	0	0	直角尺		
4	4—R6 mm 过渡圆滑（4 处）	4	4	0	0	半径规		
5	边距 10 mm±0.5 mm（20 处）	8	8	0	0	钢板尺		
6	间距 20 mm±0.5 mm（10 处）	4	4	0	0	钢板尺		
7	间距 18 mm±0.5 mm（10 处）	4	4	0	0	钢板尺		
8	口盖尺寸 R24 mm±0.3 mm 过渡圆滑	4	4	0	0	半径规		
9	口盖尺寸 90°±10′	4	4	0	0	直角尺		
10	口盖孔距 15 mm±0.3 mm（3 处）	3	3	0	0	游标卡尺		
11	修合间隙 0.3～0.6 mm，要求间隙均匀	12	12	0	0	塞尺		
12	口盖转位、翻转间隙均匀	5	5	0	0	目测		
13	4－ϕ4.1 mm 互换孔转位错位误差≤0.1 mm（4 孔）	6	6	0	0	目测		

续 表

扇形口盖修合与铆接操作评分表		图 号		考 号		总 分	
		MZ09					
序号	考核要求	配分 T	评分标准			检测工具	检测结果	扣分
			≤T	>T,≤2T	>2T		
14	钉头质量(16 处)	16	16	0	0	钉头量规	
15	镦头质量(16 处)	8	8	0	0	镦头量规	
16	技术要求 5 窝质量(2 处)	4	4	0	0	目测	
17	外形阶差≤0.1 mm	4	4	0	0	目测	
18	表面质量	表面划伤、撞伤、机械损伤每处扣 1 分				目测	
19	技术安全与文明生产	违反有关规定扣总分 5～10 分				现场记录	
合　计		100 分					

检测：　　　　　　　　　　　　　　　　　　　　　　年　　月　　日

【课后思考与练习】

(1)扇形口盖划线的关键是什么？如何用尺规划 30°、45°、120°角？

(2)内形面的清根直角和直面与圆弧面的相交处如何加工？

(3)如图 9.7 所示,进行凸轮形口盖修合与铆接训练。评分表见表 9.3。

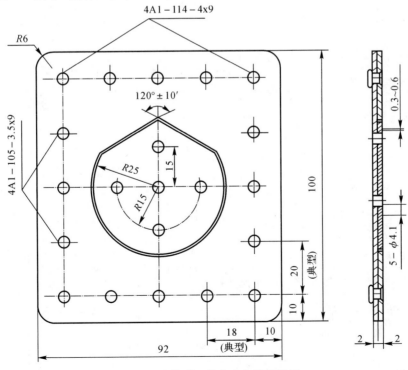

图 9.7　凸轮形口盖修合与铆接训练

技术要求如下：

1）外形尺寸公差为±0.8 mm，边距、间距公差为±0.5 mm，口盖圆弧 $R25$ mm 公差为±0.3 mm 且过渡圆滑。

2）制孔、锪窝、铆接按技术文件要求执行。

3）口盖与口框修合间隙为 0.3～0.6 mm，要求转位互换间隙均匀。

4）互换孔 5-$\phi4.1$ mm 转位错位误差≤0.1 mm。

5）外形阶差≤0.1 mm。

6）棱边无毛刺，表面无划伤。

表 9.3 凸轮形口盖修合与铆接操作评分表

凸轮形口盖修合与铆接操作评分表		图 号		考 号		总 分		
序号	考核要求	配分 T	评分标准			检测工具	检测结果	扣分
			≤T	>T,≤2T	>2T			
1	100 mm±0.8 mm	5	5	0	0	钢板尺		
2	92 mm±0.8 mm	5	5	0	0	钢板尺		
3	四边互垂90°±30′	4	4	0	0	直角尺		
4	4-$R6$ mm 过渡圆滑（4处）	4	4	0	0	半径规		
5	边距 10 mm±0.5 mm（20处）	10	10	0	0	钢板尺		
6	间距 20 mm±0.5 mm（10处）	4	4	0	0	钢板尺		
7	间距 18 mm±0.5 mm（10处）	4	4	0	0	钢板尺		
8	口盖尺寸 $R25$ mm±0.3 mm 过渡圆滑	4	4	0	0	半径规		
9	口盖尺寸 120°±10′	4	4	0	0	直角尺		
10	口盖孔距 15 mm±0.3 mm（4处）	4	4	0	0	游标卡尺		
11	修合间隙 0.3～0.6 mm，要求间隙均匀	12	12	0	0	塞尺		
12	口盖转位、翻转间隙均匀	5	5	0	0	目测		
13	5-$\phi4.1$ mm 互换孔转位错位误差≤0.1 mm（5孔）	5	5	0	0	测量棒		
14	钉头质量（16处）	16	16	0	0	钉头量规		
15	镦头质量（16处）	8	8	0	0	镦头量规		
16	外形阶差≤0.1 mm	6	6	0	0	目测		
17	表面质量	表面划伤、撞伤、机械损伤每处扣1分				目测		

续　表

凸轮形口盖修合与铆接操作评分表			图　号		考　号		总　分	
序号	考核要求	配分 T	评分标准			检测工具	检测结果	扣分
			$\leqslant T$	$>T, \leqslant 2T$	$>2T$			
18	技术安全与文明生产	违反有关规定扣总分 5～10 分				现场记录		
合　　计		100 分						
复核人员		检　测　人　员						
		签　字	检测项目序号					

项目课题 10 半球形口盖修合与铆接

项目课题 10 主要讲述半球形口盖修合与铆接任务实施工艺分析及材料、操作工量刀具、技术要求、相关专业知识,任务实施准备工作、操作步骤、注意事项及实施效果评价等内容。

教学要求

(1)提高图纸分析能力,确定合理的加工方法。
(2)熟练掌握曲面的铣削方法及操作技巧。
(3)掌握具有对称要求的曲面间隙修合质量控制。
(4)提高铆钉分解的质量。
(5)遵守安全操作规定。

内容框架图

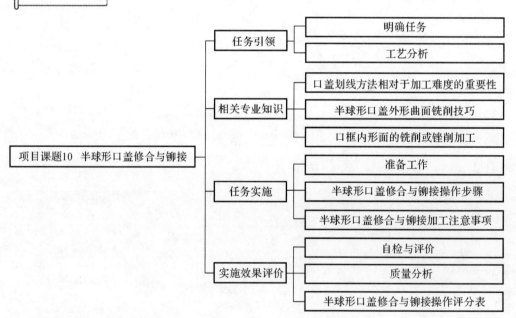

【任务引领】

一、明确任务

1.半球形口盖修合与铆接

按照图样(见图 10.1)的要求进行零件加工。

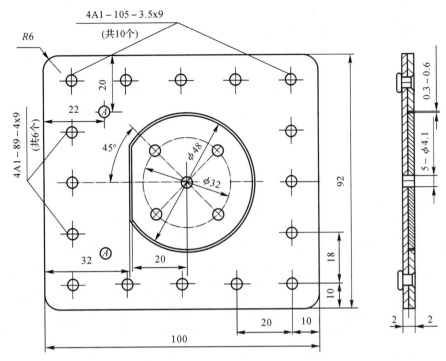

图 10.1　半球形口盖修合与铆接零件

2.技术要求

(1)外形尺寸公差为±0.8 mm,边距、间距公差为±0.5 mm;定位尺寸 32 mm,20 mm 的公差为±0.3 mm;口盖尺寸 R24 mm 公差为±0.3 mm,且圆弧过渡圆滑;孔距 16 mm 公差为±0.3 mm。

(2)修合间隙为 0.3～0.6 mm,口盖翻转间隙均匀。

(3)互换孔 5 - ϕ4.1 mm 在口盖转位时错位误差≤0.1 mm。

(4)图中标识 A 为 ϕ3.5 mm×90°制孔、锪窝、不铆接。

(5)制孔、锪窝、铆接按照技术文件要求加工。

(6)铆接后外形阶差≤0.1 mm。

(7)棱边无毛刺,表面无划伤。

3.半球形口盖修合与铆接工量刀具清单

半球形口盖修合与铆接工量刀具清单见表 10.1。

表 10.1　半球形口盖修合与铆接工量刀具清单

半球形口盖修合与铆接 工量刀具清单			毛 坯		材 料	数 量	图 号
			δ2 mm×102 mm×95 mm δ2 mm×50 mm×50 mm		2A12T4	2 件 1 件	MZ10
序号	名称	规格	数量	序号	名称	规 格	数量
1	风钻	Z601	1	12	什锦锉	ϕ5 mm×200 mm×10 支	1 套
2	风钻	Z801	1	13	钻头	ϕ2.7 mm,ϕ3.6 mm	各1

续 表

半球形口盖修合与铆接 工量刀具清单			毛 坯	材 料	数 量	图 号
			$\delta2$ mm×102 mm×95 mm $\delta2$ mm×50 mm×50 mm	2A12T4	2件 1件	MZ10

序号	名 称	规 格	数 量	序号	名 称	规 格	数 量
3	铆枪	M301	1	14	钻头	$\phi4.1$ mm	1
4	顶铁		1	15	铣轮	$\phi20$ mm	1
5	平窝头		1	16	快速定位销	$\phi2.7$ mm	10
6	半圆窝头	$\phi4$ mm	1	17	游标卡尺	0～150 mm	1
7	弓形夹	1寸	4	18	钢板尺	150 mm	1
8	铝平刀	250 mm	1	19	直角尺	125 mm×200 mm	1
9	半圆锉	200 mm	1	20	半径规	$R1～R7$ mm, $R15～R25$ mm	各1
10	锪窝钻	$\phi3.5$ mm×90°	1	21	圆规	150 mm	1
11	毛刺锪	$\phi10$ mm	1				
备注	铆工常用工具						

二、工艺分析

1.划线工具的合理选用

铆工课件在加工时常用的划线工具是 2B 铅笔,目的是不使试板表面产生划伤。但是,试板的外形轮廓线在加工过程中是会去除掉的,尤其是基准件,精度要求高,尺寸公差严格,互换性特别重要。为了在划线时减少误差的产生,尽可能将尺寸划得精准,线条划得细。因此,在划线时,对于在加工过程中能够去除掉的线条最好用划针或者划规划线,而不能去除掉或者相关的辅助线是不允许用有可能产生划伤的工具进行划线的。

2.口框的划线与间隙修合的加工

划线:经过图纸分析,口盖在口框中有尺寸 32 mm 定位要求,而且配合面主要是半球形曲面,加工有难度。因此在划线时先将 32 mm 定位线划好后,将口盖的直边放置在已划好的 32 mm 位置线上,用铅笔划出圆弧曲面轮廓线,再用划针贴近圆弧根部划出曲面轮廓线,铅笔线一定比划针划出的线略宽。这样,口框上的 32 mm 尺寸线细,曲面轮廓线宽。口框划线与修合的关系如图 10.2 所示。

间隙修合方法:在去除余料后,先锉削加工 32 mm 位置尺寸线,注意此处一定要控制 32 mm 尺寸为正差,且加工面与口框外形面平行,否则口盖在口框中容易出现偏位。然后加工圆弧曲面至划针划线处,将口盖的直边放入口框内,与口框的 32 mm 直边贴合,并将口盖的中心线与口框的中心线对齐,观察曲面轮廓余量是否均匀,继续加工曲面,用口盖检查间隙,操作中始终保持两个直面完全贴合。在曲面加工中如果局部间隙过大,可以将口盖下移,使直边直接产生要求的间隙,同时缩小曲面的间隙以达到要求;如果曲面间隙均匀,就将直面再进行锉削加工,直至达到间隙要求。因此,口框的直面在加工时不能加工到下差,这样间隙修合难度就会增加。

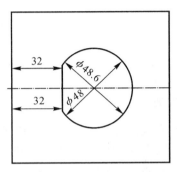

图 10.2　口框划线与修合的关系

【相关专业知识】

一、口盖划线方法相对于加工难度的重要性

在图纸分析过程中,对于零件的加工就要从划线、加工、测量等方面考虑。本课件基准件的直面利用毛坯料的外形直接加工而成,既保证了平面的质量又利于半球形的划线,降低了加工难点。半球形口盖划线方法比较如图 10.3 所示。

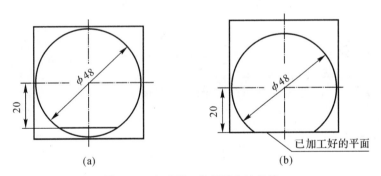

图 10.3　半球形口盖划线方法比较
(a)增加难度的划线方法;(b)提高加工质量的划线方法

二、半球形口盖外形曲面铣削技巧

曲面铣削面积较大,在铣削时不能将试板夹持在一个位置,铣削所有的位置。因为,铣轮在进行高速铣削加工时有很大的旋转扭矩产生,铣削加工的位置不合适就会产生较大的跳动致使零件移动位置,或者出现铣轮在扭矩带动下随着惯性铣伤其他位置,所以,在曲面铣削时,要适当移动试板的铣削位置,使铣轮平稳、均匀地切削加工。对于本试板,转动四个夹持位置铣削更便于控制铣削质量。铣轮平稳铣削范围与曲面夹持位置如图 10.4 所示。

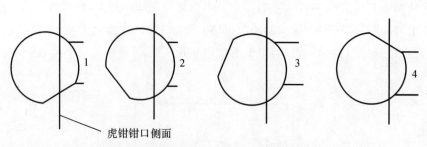

虎钳钳口侧面

图 10.4　铣轮平稳铣削范围与曲面夹持位置

三、口框内形面的铣削或锉削加工

口框内形面在钻排孔去余料时,先在相交处用 $\phi 2.7$ mm 小钻头钻孔,减少根部余量过大现象的发生。先用铣轮将钻削产生的余量粗加工后,用半圆锉一个边倾斜一定角度对准曲面与平面的交点位置斜锉进去,直到交点处,确定好根部相交位置(两处方法相同)后,用平锉刀锉削 32 mm 尺寸位置平面,锉削时一定要控制好,使加工面与外形面平行,不能倾斜,锉刀也不能摆动过大,以免锉伤到曲面圆弧,严控尺寸直至合格。然后用铣轮铣削曲面,相交处的位置用半圆锉的圆弧面从交点处向圆弧位置锉削,此处要慢,位置要准,锉削量要小,避免将交点棱线锉削成圆弧。最后用什锦锉将交点处的棱线加工清晰。如图 10.5 所示。

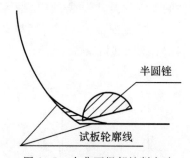

半圆锉

试板轮廓线

图 10.5　内曲面根部锉削方法

【任务实施】

一、准备工作

1.试板毛坯

检查毛坯尺寸:$\delta 2$ mm×50 mm×50 mm,$\delta 2$ mm×102 mm×95 mm。材料:2A12T4。数量:$\delta 2$ mm×50 mm×50 mm,1 件;$\delta 2$ mm×102 mm×95 mm,2 件。

2.工艺装备

Z601,Z801 风钻;M301 铆枪;顶把;平窝头;半圆窝头;$\phi 3.5$ mm×90°锪窝钻;$\phi 2.7$ mm,$\phi 3.6$ mm,$\phi 4.1$ mm 钻头;250 mm 铝平锉;200 mm 半圆锉;$\phi 20$ mm 铣轮;$\phi 10$ mm 毛刺锪;什锦锉;弓形夹;$\phi 2.7$ mm 定位销;150 mm 钢板尺;200 mm×125 mm 直角尺;150 mm 游标卡尺;$R1$~$R7$ mm,$R15$~$R25$ mm 半径规;圆规;2B 铅笔;包装纸若干。

二、半球形口盖修合与铆接操作步骤

1.半球形口盖加工

(1)口盖的毛坯料任选一面锉削加工,保证其加工平面度,锉纹细致。

(2)依据图纸,将已加工好的平面作为半球形口盖的直边,用圆规划出 $R24$ mm 的半球轮廓线。

(3)检查划线的准确性,包括平面距离圆弧中心尺寸 20 mm、多点测量 $R24$ mm 半径尺寸。

(4)依据图纸用铅笔划出互换孔位置线并检查划线的准确性后,用 $\phi2.7$ mm 钻头在三处"打点"。

(5)钻排孔去除 $R24$ mm 周边的余料后,用铣轮铣削或者锉削半球形轮廓,注意两个交点棱线清晰,圆弧过渡圆滑。

(6)检查对称性。先用游标卡尺多点测量半球形半径尺寸 $R24$ mm,不能只测量直径尺寸 $\phi48$ mm,如果直径合格,而距离中心线不等,就会使对称度误差增大。然后将口盖放在纸上贴近根部画出外形轮廓线后,翻转检查对称性。对有问题的位置进行修整,直到达到要求。加工不均匀测量尺寸数据如图 10.6 所示。

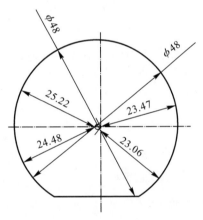

图 10.6　加工不均匀测量尺寸数据

2.口框加工

(1)用锉刀锉削或用铣轮铣削 102 mm×95 mm 口框毛坯料外形,直至达到要求尺寸(100 mm×92 mm)±0.8 mm,保证外形垂直度为 90°±30′,去除棱边毛刺。

(2)在口框上 100 mm 尺寸方向划出 32 mm+0.3 mm 位置尺寸线,92 mm 方向的对称中心线。将口盖的直边与 32 mm+0.3 mm 线条重合,中心线与口框 92 mm 处中心线重合后,用铅笔沿着口盖外形贴近根部划出半球形轮廓线。线条要求清晰、均匀。

(3)钻排孔去除口框中间的余料后,先用铣轮或锉刀粗加工去除余量,对于交点位置平面用半圆锉加工,控制 32 mm 尺寸合格。然后用铣轮精加工半球形内曲面,此时要用口盖直边贴合口框直边试配检查曲面的配合间隙,多检查少加工,对间隙不均匀处可以用铅笔做简单标识。因为口盖还有翻转互换要求,修合间隙时要将口盖翻转试配检查、加工。直到间隙均匀达到要求。

(4)去除半球形口框内形面周边的毛刺。

3.底板加工

用锉刀锉削或用铣轮铣削 102 mm×95 mm 底板料外形,直至达到与口框外形尺寸一致,保证外形垂直度为 90°±30′,去除棱边毛刺。

4.划线

在口框上依据图纸划出所有铆钉孔位置线。

5.制孔、锪窝、铆接

(1)用 $\phi 2.7$ mm 钻头在口框上制出所有导孔。

(2)用弓形夹将口框与底板定位夹紧后,四角用 $\phi 2.7$ mm 钻头透孔,用快速定位销进行拉紧连接,替代弓形夹。按照图样上铆钉的规格进行扩孔、锪窝、铆接,并保证质量。

(3)完成图纸上标识 A 处的铆钉分解加工要求,符合操作方法并达到合格。

6.互换孔加工

内容略。

7.圆角加工

在铆接完成后的试板四个角上分别划出 R6 mm 的圆角,锉削加工至合格,去毛刺。

8.外形修整

将加工结束的试板外观进行修整,对铆接质量不好或不合格的铆钉进行分解后重新铆接。将试板外形用锉刀修整成长纹,使整个外形锉刀纹成一体,去除毛刺。然后用清洗剂将试板表面擦拭干净。

9.检查

依据图纸对课件所有加工尺寸进行复查。

三、半球形口盖修合与铆接加工注意事项

(1)对图纸进行工艺分析时确定加工方法的同时要考虑工具的选用。

(2)口盖互换孔"打点"前,要将"打点"位置做好标识,防止出现多孔或表面钻伤的情况。

(3)口盖曲面铣削时一定不能一次装夹,避免铣削时力量过大,造成零件移位或者出现铣轮跳动情况。

(4)铣削时加工面与虎钳要有一定的距离,不能为防止零件移位而使夹持位置太近,这样铣削时容易使刀具碰到虎钳钳口,发生危险。

(5)口盖加工结束检查时,一定要检查圆弧半径尺寸 R24 mm,不能只检查直径,防止出现圆弧倾斜偏位现象。

(6)口框划线时,注意口盖放置的方向与位置。

(7)口框内形面铣削加工时,同样注意铣削的范围,防止出现铣轮跳动在内部发生碰撞,甚至磕伤加工面。

(8)间隙修合时,一定要把口盖位置放正,避免出现口盖歪斜现象。

(9)装配铆接前一定要把口框、底板加工面毛刺去除干净,防止出现铆接后间隙问题。

【实施效果评价】

一、自检与评价

每位学生完成课题后,按照图样和评分标准认真检测每一项考核指标,对不符合要求的铆钉和超差的尺寸做出自检标记。

二、质量分析

学生针对自己在加工中出现的质量问题做出原因分析,并提出纠正措施,指导教师对全部学生的课件进行检测,并做好检测记录。对于学生在操作过程中普遍存在的操作方法、检测方法、技术安全等方面的问题,分析产生错误的原因,提出纠正措施,避免类似的问题重复发生。

三、半球形口盖修合与铆接操作评分表

半球形口盖修合与铆接操作评分表见表10.2。

表 10.2　半球形口盖修合与铆接操作评分表

半球形口盖修合与铆接操作评分表		图　号	考　号	总　分		
		MZ10				
序号	考核要求	配分 T	评分标准			检测工具	检测结果	扣分
			$T\leqslant$	$>T,\leqslant 2T$	$>2T$			
1	100 mm±0.8 mm	5	5	0	0	钢板尺		
2	92 mm±0.8 mm	5	5	0	0	钢板尺		
3	四边互垂90°±30′	4	4	0	0	直角尺		
4	4-R6 mm 过渡圆滑(4处)	4	4	0	0	半径规		
5	边距 10 mm±0.5 mm(20处)	8	8	0	0	钢板尺		
6	边距(22 mm×20 mm)±0.5 mm(8处)	4	4	0	0	钢板尺		
7	间距 20 mm±0.5 mm(8处)	2	2	0	0	钢板尺		
8	间距 18 mm±0.5 mm(8处)	2	2	0	0	钢板尺		
9	口盖定位尺寸 32 mm±0.3 mm	5	5	0	0	游标卡尺		
10	口盖 R24 mm±0.3 mm 且过渡圆滑	5	5	0	0	游标卡尺、半径规		
11	口盖孔距 16 mm±0.3 mm(4处)	4	4	0	0	游标卡尺		
12	修合间隙 0.3～0.6 mm,要求间隙均匀(2处)	10	10	0	0	塞尺		
13	口盖翻转间隙均匀	5	5	0	0	目测		
14	5-ϕ4.1 mm 互换孔转位错位误差≤0.1 mm(5孔)	5	5	0	0	目测		

续 表

序号	考核要求	配分 T	评分标准			检测工具	检测结果	扣分
	半球形口盖修合与铆接操作评分表		图 号	考 号	总分			
			MZ10					
			$\leq T$	$>T,\leq 2T$	$>2T$			
15	钉头质量(16 处)	16	16	0	0	钉头量规		
16	镦头质量(16 处)	8	8	0	0	镦头量规		
17	技术要求 4 铆钉分解(2 处)	4	4	0	0	目测		
18	外形阶差≤0.1 mm	4	4	0	0	游标卡尺		
19	表面质量	表面划伤、撞伤、机械损伤每处扣 1 分				目测		
20	技术安全与文明生产	违反有关规定扣总分 5～10 分				现场记录		
合　计		100 分						

检测：　　　　　　　　　年　　月　　日

【课后思考与练习】

(1)用铣轮进行曲面铣削时关键是什么？如何控制？

(2)间隙修合有平面和曲面时,修合顺序是什么？

(3)针对本课题加工重点是什么？

(4)如图 10.7 所示,进行壶形口盖修合与铆接训练。评分表见 10.3。

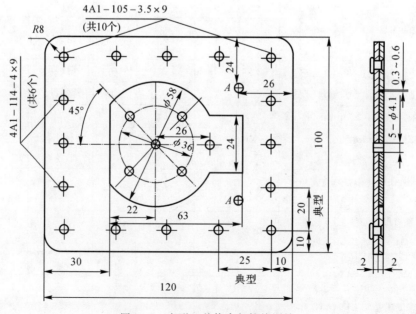

图 10.7　壶形口盖修合与铆接训练

技术要求如下：

1)外形尺寸公差为±0.8 mm,边距、间距公差为±0.5 mm;定位尺寸 30 mm,22 mm 的公差为±0.3 mm;口盖外形尺寸 63 mm,24 mm 的公差为±0.3 mm;R29 mm 过渡圆滑;孔距 18 mm,26 mm 的公差为±0.3 mm。

2)修合间隙为 0.3~0.6 mm,口盖翻转间隙均匀。

3)互换孔 6-φ4.1 mm 在口盖转位时错位误差≤0.1 mm。

4)图中标识 A 为 φ4 mm 半圆头铆钉,制孔铆接后分解铆钉。

5)制孔、锪窝、铆接按照技术文件要求加工。

6)外形阶差≤0.1 mm。

7)棱边无毛刺,表面无划伤。

表 10.3　壶形口盖修合与铆接操作评分表

壶形口盖修合与铆接操作评分表		图　号	考　号		总　分		
序号	考核要求	配分 T	评分标准			检测工具	检测结果	扣分
			≤T	>T,≤2T	>2T			
1	100 mm±0.8 mm	5	5	0	0	钢板尺		
2	120 mm±0.8 mm	5	5	0	0	钢板尺		
3	四边互垂90°±30′	4	4	0	0	直角尺		
4	4-R8 mm 过渡圆滑(4 处)	2	4	0	0	半径规		
5	边距 10 mm±0.5 mm	6	6	0	0	钢板尺		
6	边距(24 mm×26 mm)±0.5 mm	2	4	0	0	钢板尺		
7	间距 20 mm±0.5 mm(8 处)	3	3	0	0	钢板尺		
8	间距 25 mm±0.5 mm(8 处)	3	3	0	0	钢板尺		
9	口盖定位尺寸 30 mm±0.3 mm	3	3	0	0	游标卡尺		
10	口盖外形尺寸 63 mm±0.3 mm,24 mm±0.3 mm	4	4	0	0	游标卡尺		
11	口盖外形尺寸 22 mm±0.3 mm	2	2	0	0	游标卡尺		
12	口盖 R29 mm±0.3 mm,过渡圆滑	3	3	0	0	半径规		
13	口盖孔距 18 mm±0.3 mm,26 mm±0.3 mm	5	5	0	0	游标卡尺		

续 表

序号	考核要求	配分 T	评分标准			检测工具	检测结果	扣分
	壶形口盖修合与铆接操作评分表		图 号	考 号	总 分			
			$\leqslant T$	$>T,\leqslant 2T$	$>2T$			
14	修合间隙 0.3～0.6 mm，要求间隙均匀	10	10	0	0	塞尺		
15	口盖翻转间隙均匀	5	5	0	0	目测		
16	6 - ϕ4.1 mm 互换孔转位错位误差≤0.1 mm	6	6	0	0	测量棒		
17	钉头质量(16 处)	16	16	0	0	钉头量规		
18	镦头质量(16 处)	8	8	0	0	镦头量规		
19	技术要求 4 铆钉分解质量(2 处)	4	4	0	0	窝量规		
20	外形阶差≤0.1 mm	4	4	0	0	目测		
21	表面质量	表面划伤、撞伤、机械损伤每处扣 1 分				目测		
22	技术安全与文明生产	违反有关规定扣总分 5～10 分				现场记录		
合 计		100 分						

复核人员	检测人员				
	签 字	检测项目序号			

项目课题 11 三角形口盖修合与铆接

内容提示

项目课题 11 主要讲述三角形口盖修合与铆接任务实施工艺分析及材料、操作工量刀具、技术要求、相关专业知识,任务实施准备工作、操作步骤、注意事项及实施效果评价等内容。

教学要求

(1)掌握有定位尺寸要求的口框的划线方法。

(2)掌握直线与圆弧修合间隙的加工方法。

(3)熟练掌握互换孔的加工方法。

(4)熟练掌握铆接操作技能和质量要求。

(5)提高质量分析能力。

(6)遵守安全操作规定。

内容框架图

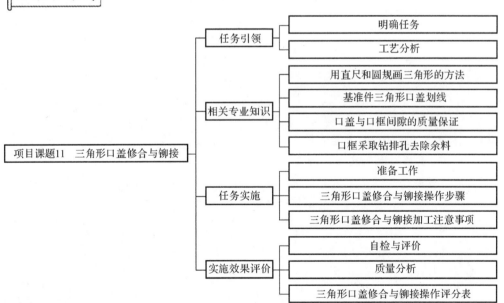

【任务引领】

一、明确任务

1.三角形口盖修合与铆接

按照图样(见图 11.1)的要求进行零件加工。

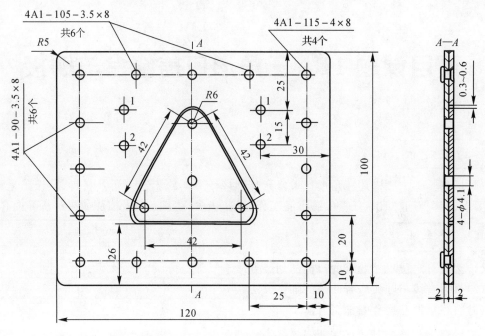

图 11.1　三角形口盖修合与铆接零件

2.技术要求

(1)外形尺寸、边距、间距公差为±0.5 mm;定位尺寸 26 mm、孔距 42 mm 的公差为±0.3 mm;R6 mm 圆弧过渡圆滑。

(2)口盖修合间隙为 0.3～0.6 mm,要求口盖转位间隙均匀。

(3)互换孔 4-φ4.1 mm 在口盖转位时错位误差≤0.3 mm。

(4)图中标识 1 为 φ4 mm×120°制孔、锪窝、不铆接,标识 2 为 φ3.5 mm×90°铆接后分解铆钉。

(5)制孔、锪窝、铆接按照技术文件要求执行。

(6)试板表面无损伤,棱边无毛刺。

3.三角形口盖修合与铆接工量刀具清单

三角形口盖修合与铆接工量刀具清单见表 11.1。

表 11.1　三角形口盖修合与铆接工量刀具清单

三角形口盖修合与铆接 工量刀具清单	毛坯		材料	数量	图号
	δ2 mm×102 mm×122 mm	2A12T4		2 件	MZ11
	δ2 mm×60 mm×50 mm			1 件	

序号	名称	规格	数量	序号	名称	规格	数量
1	风钻	Z801	1	11	圆锉	200 mm	1
2	风钻	Z601	1	12	弓形夹		3
3	铆枪	M301	1	13	顶铁		1

续 表

三角形口盖修合与铆接 工量刀具清单		毛 坯	材 料	数 量	图 号
		$\delta 2$ mm×102 mm×122 mm $\delta 2$ mm×60 mm×50 mm	2A12T4	2 件 1 件	MZ11

序 号	名 称	规 格	数 量	序 号	名 称	规 格	数 量
4	钻头	$\phi 3.6$ mm	1	14	钢板尺	150 mm	1
5	钻头	$\phi 4.1$ mm	1	15	游标卡尺	150 mm	1
6	钻头	$\phi 2.7$ mm	1	16	直角尺	125 mm×200 mm	1
7	锪窝钻	$\phi 3.5$ mm×90°	1	17	半径规	$R1\sim R6.5$ mm	1
8	锪窝钻	$\phi 4$ mm×120°	1	18	万能角度尺	0°～320°	1
9	窝头	半圆、平	各 1	19	铣轮	$\phi 20$ mm	1
10	平锉刀	200 mm, 150 mm	各 1				
备注	铆工常用工具						

二、工艺分析

(1)根据图纸和技术要求明确口盖为加工基准件,且是等边三角形。因此,在本课题加工时,须先加工基准件,口框是以口盖为基准进行划线和间隙修合的。

(2)在本课题加工中,口盖没有设计在口框的中心位置上,而是在距离口框一边 26 mm 位置处。这种情况下,要保证定位尺寸的同时还要考虑修合间隙。因此加工时,将口框外形 100 mm×120 mm 锉修合格后,先划出 26 mm 位置线,再划出 26.5 mm 位置线,将口盖的一条边和 26.5 mm 位置线重合,划出口框上口盖的外形轮廓线,如图 11.2 所示。这样,在加工后,既能满足间隙的要求,又能保证 26 mm 定位尺寸合格。

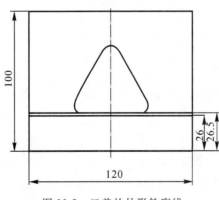

图 11.2   口盖的外形轮廓线

(3)本课题的修合面由 3 个直边和 3 个 $R6$ mm 圆弧组成,在锉削时,依据原则是先锉削平面,后锉削曲面,保证圆弧过渡圆滑。特别是本课题 $R6$ mm 尺寸比较小,锉削易超差。因此,在锉修平面时,锉刀一定要拿稳,避免出现将 R 曲面锉削出台阶,控制好锉削区域。在锉修 R 时,三个运动同时产生,保证 R 过渡圆滑。

【相关专业知识】

一、用直尺和圆规画三角形的方法

(1)已知三角形外接圆直径来画三角形的方法,如图 11.3 所示。

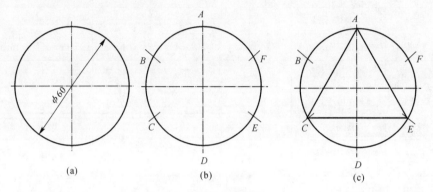

图 11.3　等边三角形画法 1

(a)已知外接圆直径为 $\phi60$ mm；　(b)在圆周上截取六等分点；　(c)连接 A,C,E 三点即为等边三角形

(2)已知三角形一条边长来画三角形的方法,如图 11.4 所示。

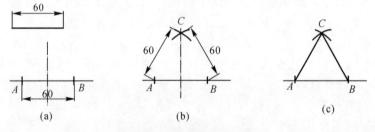

图 11.4　等边三角形画法 2

(a)截取 60 mm 长,画垂直平分线；

(b)分别以 A,B 为圆心,AB 为半径画圆弧线交于 C；　(c)连接 A,B,C 三点即为等边三角形

二、基准件三角形口盖划线

基准件三角形口盖在划线时,看清图纸给出的尺寸为三角形,三个角圆心间的距离为 42 mm,因此在划线时,既要考虑到材料的合理使用,又要减少加工强度,确保划出的线准确,减少误差,使三角形达到等边要求,如图 11.5 所示。

三、口盖与口框间隙的质量保证

口盖与口框间隙的加工质量是由口盖的尺寸准确性保证的,同时扎实的平面、曲面锉削技能也是保证间隙均匀的必要条件。因此,在口盖加工结束后,一定要在纸上画出原形,然后转换三个位置检测错位误差,并进行微量的锉削,以达到三角形口盖 60°角度正确,圆弧 R 过渡圆滑,无台阶现象,如图 11.6 所示。

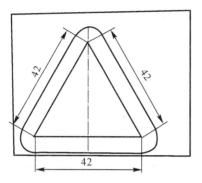

图 11.5 基准件三角形口盖划线

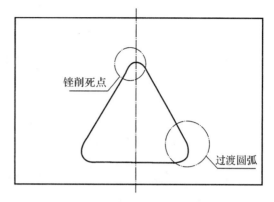

图 11.6 口盖与口框间隙的质量保证

四、口框采取钻排孔去除余料

口框在采取钻排孔去除余料时,注意 3 处 $R6$ mm 圆弧的排孔要合适,不能超出线。排孔时,须在曲面或转折处先钻孔,再在长直边或大曲面钻排钻。原因是顺着钻排孔会使转折处余量过大,给锉修造成困难,且易出现超差现象。

【任务实施】

一、准备工作

1.试板毛坯

检查毛坯尺寸:$\delta 2$ mm $\times 60$ mm $\times 50$ mm,$\delta 2$ mm $\times 102$ mm $\times 122$ mm。材料:2A12T4。数量:$\delta 2$ mm $\times 60$ mm $\times 50$ mm,1 件;$\delta 2$ mm $\times 102$ mm $\times 122$ mm,2 件。

2.工艺装备

Z601,Z801 风钻;M301 铆枪;顶把;平窝头;半圆窝头;$\phi 4$ mm $\times 120°$,$\phi 3.5$ mm $\times 90°$ 锪窝钻;$\phi 2.7$ mm,$\phi 3.6$ mm,$\phi 4.1$ mm,$\phi 8$ mm 钻头;200 mm 或 150 mm 铝锉刀;200 mm 圆锉;$\phi 20$ mm 铣轮;150 mm 或 300 mm 钢板尺;200 mm 直角尺;150 mm 游标卡尺;0°~320°万能角度尺;$R1$~$R6.5$ mm 半径规;2B 铅笔;$\delta 1$ 包装纸若干。

二、三角形口盖修合与铆接操作步骤

1.三角形口盖加工

(1)用锉刀将坯料的一条长边锉削平直。

(2)在口盖料上按照图样划出三角形的轮廓线,要求线条清晰而准确,并保留中间的孔位线清晰。

(3)用切割锯去除掉周边的余料后,用锉刀锉修外形,保证三角形为等边三角形且 60°角准确。

(4)将口盖放置在白纸上检查转位互换性,将有问题的位置进行修整,达到合格为止。

2.口框加工

(1)用锉刀锉削或用铣轮铣削 102 mm $\times 122$ mm 口框料外形,直至达到要求尺寸(100 mm $\times 120$ mm)± 0.5 mm,保证外形垂直度为 90°$\pm 30'$,去除棱边毛刺。

(2)在口框上划出口盖的定位线 26.5 mm 后,将口盖中心线和一条边与口框的中心线及定位线对准重合后,用铅笔沿着口盖的外形根部在口框上划出轮廓线,并向外侧划出 0.5 mm

的加宽线条。

(3)采用钻排孔的方法去除口框中间的余料并粗加工锉修到原始线条。

(4)将口盖放置到口框中间检查,要求能达到紧配合并转位均匀。

(5)精加工锉削口框内三角到加宽线条,保证与口盖配合间隙均匀。

3.底板加工

用锉刀锉削或用铣轮铣削 102 mm×122 mm 底板料外形,加工到口框的外形尺寸为 (100 mm×120 mm)±0.5 mm,保证外形垂直度为 90°±30′,去除棱边毛刺。

4.划线

(1)在口盖上根据图样要求划出 4 个互换孔位置线。

(2)在口框上根据图样要求划出铆钉位置线。

5.制孔、锪窝、铆接

(1)用 $\phi2.7$ mm 钻头在口框上制出所有导孔。

(2)用弓形夹将口框与底板定位夹紧后,按照图样上铆钉的规格进行扩孔、锪窝、铆接,并保证质量。

(3)完成图样上标识 1 和标识 2 位置上铆钉孔的加工要求,符合加工方法并达到合格。

6.互换孔加工

内容略。

7.圆角加工

在铆接完成的试板四个角上分别划出 $R5$ mm 的圆角,锉削加工合格,并去毛刺。

8.外形修整

将加工结束的课件外观进行修整,包括去毛刺、对铆接不合格的铆钉进行分解后重新铆接,并用清洗剂将表面的划线全部清洗干净。

9.检查

依据图样对全部的尺寸要求进行复检。

三、三角形口盖修合与铆接加工注意事项

(1)看图纸要认真仔细,明确加工方法和要求后再操作,以免粗心造成废品。

(2)在口盖料上划线时注意合适的位置,减少加工的劳动强度。

(3)在口框料上钻排孔去除余料时,要先在 R 处钻孔,以免在 R 处产生较大的加工余量。

(4)口框底板定位夹紧时,应保证外形一致,避免产生阶差。

(5)铆接时注意铆钉的种类和位置,不要出现位置和铆钉的型号不符的现象。

(6)铆接时注意对已经铆好的铆钉镦头和钉头的保护,不要出现被虎钳夹伤的现象。

(7)互换孔加工时不要怕麻烦,避免直接用 $\phi4.1$ mm 钻头钻孔而达不到互换的要求。

(8)操作者进行每一道工序操作时要有认真、仔细的态度。

【实施效果评价】

一、自检与评价

每位学生完成课题后,按照图样和评分标准认真检测每一项考核指标,对不符合要求的铆钉和超差的尺寸做出自检标记。

二、质量分析

学生针对自己在加工中出现的质量问题做出原因分析,并提出纠正措施,指导教师对全部学生的课件进行检测,并做好检测记录。对于学生在操作过程中普遍存在的操作方法、检测方法、技术安全等方面的问题,分析产生错误的原因,提出纠正措施,避免类似的问题重复发生。

三、三角形口盖修合与铆接操作评分表

三角形口盖修合与铆接操作评分表见表 11.2。

表 11.2　三角形口盖修合与铆接操作评分表

三角形口盖修合与铆接操作评分表		图　号	考　号		总　分		
		MZ11					
序号	考核要求	配分 T	评分标准		检测工具	检测结果	扣分
			$\leqslant T$	$>T, \leqslant 2T$	$>2T$		
1	100 mm±0.5 mm	4	4	0	0	游标卡尺		
2	120 mm±0.5 mm	4	4	0	0	游标卡尺		
3	四边互垂 90°±30′	2	2	0	0	直角尺		
4	4-R5 mm 过渡圆滑(4 处)	2	2	0	0	半径规		
5	边距 10 mm±0.5 mm(20 处)	5	5	0	0	钢板尺		
6	间距 20 mm±0.5 mm(8 处)	2	2	0	0	钢板尺		
7	间距 25 mm±0.5 mm(10 处)	3	3	0	0	钢板尺		
8	边距 30 mm±0.5 mm(4 处)	2	2	0	0	钢板尺		
9	间距 15 mm±0.5 mm(2 处)	1	1	0	0	钢板尺		
10	口盖定位尺寸 26 mm±0.3 mm	4	4	0	0	游标卡尺		
11	口盖孔距 42 mm±0.3 m(3 处)	3	3	0	0	游标卡尺		
12	口盖 R6 mm 过渡圆滑(3 处)	6	6	0	0	半径规		
13	修合间隙 0.3~0.6 mm,要求间隙均匀	12	12	0	0	塞尺		
14	口盖转位间隙均匀	3	3	0	0	目测		
15	互换孔错位误差≤0.3 mm(4 孔)	4	4	0	0	目测		
16	钉头质量(16 处)	16	16	0	0	钉头量规		
17	镦头质量(16 处)	16	16	0	0	镦头量规		
18	窝质量(2 处)	4	4	0	0	窝量规		
19	分解铆钉(2 处)	4	4	0	0	目测		
20	外形阶差≤0.2 mm	3	3	0	0	目测		

续 表

三角形口盖修合与铆接操作评分表	图 号		考 号	总 分		
	MZ11					
序号	考核要求	配分 T	评分标准		检测工具	检测结果	扣分
			≤T	>T，≤2T	>2T			
21	表面质量	表面划伤、撞伤、机械损伤每处扣1分				目测		
22	技术安全与文明生产	违反有关规定扣总分5～10分				现场记录		
合　　计		100 分						

检测：　　　　　　　　　　年　月　日

【课后思考与练习】

(1)如何确定修合课题中的基准件？

(2)口盖有定位要求的口框如何划线？

(3)内形面的过渡圆弧在加工中如何控制？

(4)如图11.7所示，进行四方口盖修合与铆接训练。评分表见表11.3，技术要求如下：

1)制孔、锪窝、铆接按技术文件要求执行。

2)外形尺寸、铆钉边距、间距公差为±0.5 mm。

3)口盖尺寸60 mm、孔距公差±0.2 mm。

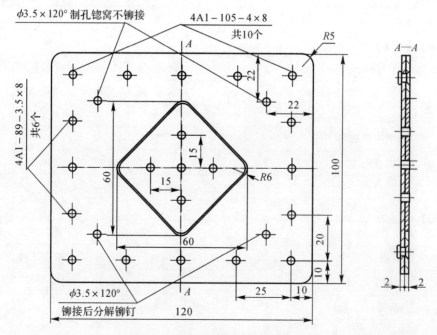

图 11.7　四方口盖修合与铆接训练

4)互换孔 $\phi4.1$ mm 转位不错位,修合间隙为 $0.3\sim0.6$ mm。

5)棱边无毛刺,表面无压伤等机械损伤。

表 11.3　四方口盖修合与铆接操作评分表

序号	考核要求	配分 T	评分标准			检测工具	检测结果	扣分
			$\leq T$	$>T,\leq 2T$	$>2T$			
1	(120 mm×100 mm)±0.5 mm	2	2	0	0	游标卡尺		
2	四边互垂 90°±30′	2	2	0	0	直角尺		
3	$R5$ mm(4 处)	2	2	0	0	半径规		
4	60 mm±0.2 mm(2 处)	4	4	0	0	游标卡尺		
5	$R6$ mm 过渡圆滑(4 处)	2	2	0	0	半径规		
6	孔距 15 mm±0.3 mm(4 处)	8	8	0	0	游标卡尺		
7	边距 10 mm±0.5 mm(20 处)	10	10	0	0	钢板尺		
8	间距 20 mm±0.5 mm(16 处)	8	8	0	0	钢板尺		
9	边距(22 mm×22 mm)±0.5 mm(8 处)	4	4	0	0	钢板尺		
10	修合间隙 0.3～0.6 mm(8 处)	12	12	0	0	塞尺		
11	口盖转位互换	4	4	0	0	目测		
12	互换孔 $\phi4.1$ mm(5 处)	4	4	0	0	目测		
13	钉头质量(20 处)	20	20	0	0	钉头量规		
14	镦头质量(20 处)	10	10	0	0	钉头量规		
15	$\phi3.5$ mm×120°制孔、锪窝、不铆接质量(2 处)	4	4	0	0	窝量规		
16	$\phi3.5$ mm×120°铆接后分解铆钉质量(2 处)	4	4	0	0	目测		
17	外观及未注尺寸	畸形、未加工完等扣总分 5～10 分　每超差一处扣 1 分				目测		
18	技术安全与文明生产	违反有关规定扣总分 5～10 分				现场记录		
合　计			100 分					

图 号　　　考 号　　　总 分

复核人员	检 测 人 员	
	签　字	检测项目序号

项目课题 12 六边形口盖修合与铆接

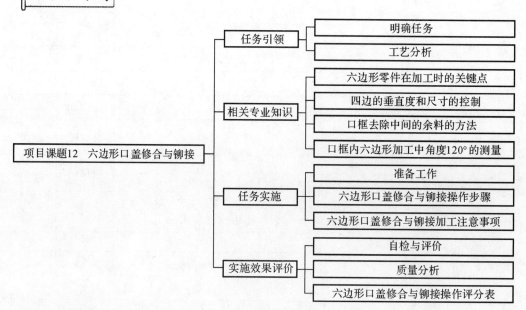

项目课题12 六边形口盖修合与铆接
- 任务引领
  - 明确任务
  - 工艺分析
- 相关专业知识
  - 六边形零件在加工时的关键点
  - 四边的垂直度和尺寸的控制
  - 口框去除中间的余料的方法
  - 口框内六边形加工中角度120°的测量
- 任务实施
  - 准备工作
  - 六边形口盖修合与铆接操作步骤
  - 六边形口盖修合与铆接加工注意事项
- 实施效果评价
  - 自检与评价
  - 质量分析
  - 六边形口盖修合与铆接操作评分表

【任务引领】

一、明确任务

1.六边形口盖修合与铆接

按照图样(见图 12.1)的要求进行零件加工。

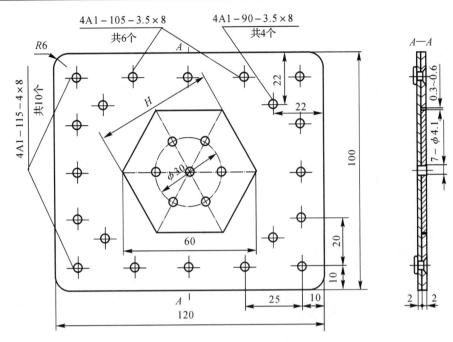

图 12.1　六边形口盖修合与铆接零件

2.技术要求

(1)外形尺寸、边距、间距公差为±0.5 mm;基准尺寸 60 mm、数值 H、孔距 15 mm 的公差为±0.3 mm。

(2)口盖修合间隙为 0.3~0.6 mm,要求口盖转位间隙均匀。

(3)互换孔 7 - ϕ4.1 mm 在口盖转位时错位误差≤0.3 mm。

(4)制孔、锪窝、铆接按照技术文件要求执行。

(5)试板表面无损伤,棱边无毛刺。

3.六边形口盖修合与铆接工量刀具清单

六边形口盖修合与铆接工量刀具清单见表12.1。

表 12.1　六边形口盖修合与铆接工量刀具清单

六边形口盖修合与铆接 工量刀具清单				毛　坯	材　料	数　量	图　号
				δ2 mm×102 mm×122 mm δ2 mm×65 mm×65 mm	2A12T4	2 件 1 件	MZ12
序　号	名　称	规　格	数　量	序　号	名　称	规　格	数　量
1	风钻	Z801	1	11	三角锉	200 m	1
2	风钻	Z601	1	12	弓形夹		3
3	铆枪	M301	1	13	顶铁		1
4	钻头	ϕ3.6 mm	1	14	钢板尺	150 mm	1
5	钻头	ϕ4.1 mm	1	15	游标卡尺	150 mm	1
6	钻头	ϕ2.7 mm	1	16	直角尺	125 mm×200 mm	1

续 表

六边形口盖修合与铆接 工量刀具清单			毛坯		材料	数量	图号
			δ2 mm×102 mm×122 mm		2A12T4	2件	MZ12
			δ2 mm×65 mm×65 mm			1件	
序号	名 称	规 格	数 量	序 号	名 称	规 格	数量
7	锪窝钻	ϕ3.5 mm×90°	1	17	半径规	$R1\sim R6.5$ mm	1
8	锪窝钻	ϕ4 mm×120°	1	18	万能角度尺	0°～320°	1
9	窝头	半圆、平	各1	19	铣轮	ϕ20 mm	1
10	平锉刀	200 mm	1				
备注	铆工常用工具						

二、工艺分析

1.图纸分析

(1)根据图纸和技术要求明确图纸加工内容,课题制件由口盖、口框和底板三部分铆装而成。

(2)根据图纸上口盖与口框间隙处尺寸标注箭头所指的位置可判定出基准件为口框。

(3)明确图纸上标注所用铆钉种类、规格和数量。

(4)根据图纸确定正确的加工方法和顺序。

2.口框加工

(1)口框的外形加工无论是尺寸还是垂直度要求都应该准确,公差控制在最小,以便于确定六边形的中心位置。在划六边形线时,线条向内侧稍粗一些,最好控制在 0.5 mm 左右。这样在粗加工和精加工时就能很好地把握,粗加工到加粗线条后要测量边长尺寸、角度尺寸和对边尺寸的均匀性,存在误差要在 0.5 mm 范围之内并及时修正,尽量保证尺寸均匀和公差均匀,最好不要出现跳动量大的现象。

(2)口框加工好后要进行检查,检查六边形的六个边长等长,六个 120°角相等,三组对边相等。检查后要将口框放置在纸上,用铅笔贴近根部将六边画到纸上,旋转口框六个位置观察六边形是否有错位之处,确定好后将其修正。

3.口盖加工

口盖加工时,只需要将加工好的口框放置在口盖的材料上贴近根部划出轮廓线后,再将轮廓线向内侧加粗 0.5 mm。加工时先铣削到原始线条,将口盖放置到口框中试配,在口盖任何方向都能均匀地放置到口框中后,再锉修至口盖加粗的线条,达到间隙均匀。

4.互换孔加工

互换孔在加工中为了满足间隙均匀而孔不错位的要求,采用的是垫纸消除间隙的方法。而且钻孔加工时先钻出中间的孔,再钻出其他任何一个孔,然后将口盖在口框内旋转六个位置,将口盖上的孔引钻到底板上,此时口盖上有两个孔,而底板上孔已全部钻完。最后将底板上的孔引钻到口盖上。这样,六边形上六个孔到中心孔的距离就是相等的。

【相关专业知识】

一、六边形零件在加工时的关键点(见图 12.2)

(1)划线时连点要准确。

(2)加工中控制六条边等长。

(3)六个 120°角相等。

(4)三组对边相等。

(5)加工顺序是对边成组加工。

二、四边的垂直度和尺寸的控制

口框作为基准件,在加工时要将四边的垂直度和尺寸控制好,在加工内六边形时可利用外形到对边的尺寸 A 以及外形到六边形对角尺寸 B 控制好六边形的一组尺寸和一组对边的位置,为加工其他四边提供方便(见图 12.3)。

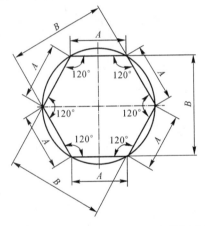

图 12.2　六边形零件在加工时的关键点

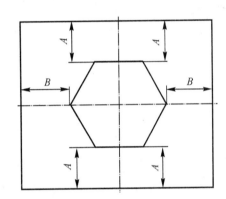

图 12.3　四边的垂直度和尺寸的控制

三、口框去除中间的余料的方法

口框在去除中间的余料时采用的是钻排孔的方法,如图 12.4 所示。钻孔时尽量要做到孔孔相切,因为口框中间是封闭式的,而且操作中不允许使用錾子进行錾削,以防止口框变形。另外,排孔钻削时要先在六个角钻,再钻直线部分,防止按顺序钻孔到转折角时产生大余量,为后面的加工带来困难。

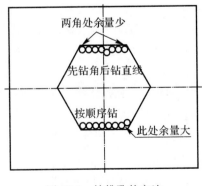

图 12.4　钻排孔的方法

四、口框内六边形加工中角度 120°的测量

口框内六边形加工中角度 120°的测量比较困难,可自制一角度样板进行测量,如图 12.5 所示,为加工的准确性提供了方便。

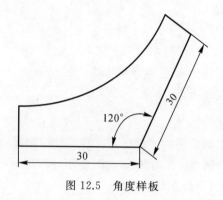

图 12.5　角度样板

【任务实施】

一、准备工作

1.试板毛坯

检查毛坯尺寸:δ2 mm×65 mm×65 mm,δ2 mm×102 mm×122 mm。材料:2A12T4。数量:δ2 mm×65 mm×65 mm,1 件;δ2 mm×102 mm×102 mm,2 件。

2.工艺装备

Z601,Z801 风钻;M301 铆枪;顶把;平窝头;半圆窝头;φ4 mm×120°,φ3.5 mm×90°锪窝钻;φ2.7 mm,φ3.6 mm,φ4.1 mm,φ8 mm 钻头;200 mm 铝锉刀;200 mm 半圆锉;200 mm 三角锉;φ20 mm 铣轮;150 mm 或 300 mm 钢板尺;200 mm 直角尺;150 mm 游标卡尺;R1~R6.5 mm 半径规;2B 铅笔;δ1 包装纸若干。

二、六边形口盖修合与铆接操作步骤

1.六边形口框加工

(1)用锉刀锉削或者用铣轮铣削毛坯 102 mm×122 mm 外形至尺寸(100 mm×120 mm)±0.5 mm,尺寸均匀且四边互垂。

(2)在口框料上按照图纸划出六边形的轮廓线,要求线条清晰而准确,如图 12.6 所示。

(3)用钻排孔的方法去除中间的余料后,锉削或铣削内六边形,直到达到技术要求。

(4)将口框放置在白纸上检查内六边形的互换性,将有问题的位置进行修整,直至合格。

2.口盖加工

(1)将口框放置在口盖的毛坯料上,用铅笔沿着口框的内六边形根部划出轮廓线,并将线条向内侧均匀加粗 0.5 mm,如图 12.7 所示。

(2)用锉刀锉削或者用铣轮铣削口盖的外形余料到原始线条后,将口盖放置到口框内试配,达到能较紧配合到口框内并转位均匀。

(3)按照口盖上加粗线条的宽度锉修到合适位置,达到口盖和口框配合间隙转位均匀。

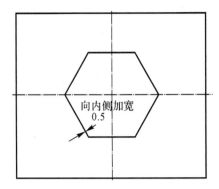

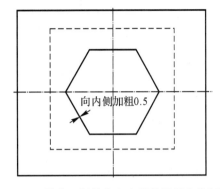

图 12.6　在口框料上划出六边形的轮廓线　　　图 12.7　沿着口框的内六边形根部划出轮廓线

3.底板加工

用锉刀锉削或用铣轮铣削 102 mm×122 mm 底板料外形,加工到口框的外形尺寸为 (100 mm×120 mm)±0.5 mm,保证外形垂直度为 90°±30′,去除棱边毛刺。

4.划线

(1)在口盖上根据图样要求划出 7 个互换孔位置线。

(2)在口框上根据图样要求划出铆钉位置线。

5.制孔、锪窝、铆接

(1)用 $\phi 2.7$ mm 钻头先钻出导孔。

(2)用弓形夹将口框与底板定位夹紧后,进行扩孔、锪窝、铆接,并保证质量。

6.互换孔加工

内容略。

7.圆角加工

在铆接完成的试板四个角上分别划出 R6 mm 的圆角,锉削加工合格,并去毛刺。

8.外形修整

将加工结束的课件外观进行修整,包括去毛刺、对铆接不合格的铆钉进行分解后重新铆接,并用清洗剂将表面的划线全部清洗干净。

9.检查

依据图样对全部的尺寸要求进行复检。

三、六边形口盖修合与铆接加工注意事项

(1)在口框料上划线时注意六边形的方向位置,不要与图样不符。

(2)在口框料上钻排孔去除余料时,夹持位置既要便于目测钻孔位置又要牢靠,以免钻孔时出现跑钻划伤表面的现象。

(3)口框锉削加工时应注意检查边长尺寸一致、对边尺寸一致以及内部转折点位置棱线清晰,不能出现 R 圆弧的现象。

(4)口框和底板定位夹紧时,应保证外形一致,避免产生阶差。

(5)铆接时注意铆钉的种类和位置,不要出现位置和铆钉的型号不符的现象。

(6)铆接时注意对已经铆好的铆钉镦头和钉头的保护,不要出现被虎钳夹伤的现象。

(7)互换孔加工时不要怕麻烦,避免直接用 $\phi 4.1$ mm 钻头钻孔而达不到互换的要求。

(8)操作者进行每一道工序操作时要有认真、仔细的态度。

【实施效果评价】

一、自检与评价

每位学生完成课题后,按照图样和评分标准认真检测每一项考核指标,对不符合要求的铆钉和超差的尺寸做出自检标记。

二、质量分析

学生针对自己在加工中出现的质量问题做出原因分析,并提出纠正措施,指导教师对全部学生的课件进行检测,并做好检测记录。对于学生在操作过程中普遍存在的操作方法、检测方法、技术安全等方面的问题,分析产生错误的原因,提出纠正措施,避免类似的问题重复发生。

三、六边形口盖修合与铆接操作评分表

六边形口盖修合与铆接操作评分见表 12.2。

表 12.2　六边形口盖修合与铆接操作评分表

六边形口盖修合与铆接操作评分表		图号		考号		总分		
		MZ12						
序号	考核要求	配分 T	评分标准			检测工具	检测结果	扣分
			$\leq T$	$>T,\leq 2T$	$>2T$			
1	100 mm±0.5 mm	4	4	0	0	游标卡尺		
2	120 mm±0.5 mm	4	4	0	0	游标卡尺		
3	四边互垂 90°±30′	2	2	0	0	直角尺		
4	4-R6 mm 过渡圆滑(4处)	4	4	0	0	半径规		
5	边距 10 mm±0.5 mm(20处)	5	5	0	0	钢板尺		
6	间距 20 mm±0.5 mm(8处)	2	2	0	0	钢板尺		
7	间距 25 mm±0.5 mm(8处)	2	2	0	0	钢板尺		
8	边距 22 mm±0.5 mm(8处)	2	2	0	0	钢板尺		
9	口盖孔距 15 mm±0.3 mm(6处)	6	6	0	0	游标卡尺		
10	口框对角尺寸 60 mm±0.3 mm(3处)	3	3	0	0	半径规		
11	口框 H 尺寸±0.3 mm(3处)	3	3	0	0	游标卡尺		
12	修合间隙 0.3~0.6 mm,要求间隙均匀	12	12	0	0	塞尺		
13	口盖转位间隙均匀	3	3	0	0	目测		
14	互换孔错位误差≤0.3 mm(7孔)	4	4	0	0	目测		
15	钉头质量(20处)	20	20	0	0	钉头量规		

续 表

六边形口盖修合与铆接操作评分表		图 号	考 号		总 分		
		MZ12					
序号	考核要求	配分 T	评分标准			检测工具	检测结果	扣分
			$\leq T$	$>T,\leq 2T$	$>2T$			
16	镦头质量(20 处)	20	20	0	0	镦头量规		
17	外形阶差≤0.2 mm	4	4	0	0	目测		
18	表面质量	表面划伤、撞伤、机械损伤每处扣 1 分				目测		
19	技术安全与文明生产	违反有关规定扣总分 5～10 分				现场记录		
合 计		100 分						

检测: 年 月 日

【课后思考与练习】

(1)如何画出准确的正六边形?

(2)六边形在加工过程中如何控制对称性?

(3)六边形在修合中保证间隙均匀的关键是什么?

(4)如图 12.8 所示,进行五方梅花口盖修合与铆接训练。评分表见表 12.3,技术要求如下:

1)外形尺寸、边距、间距公差为±0.5 mm。

2)修合间隙为 0.3～0.6 mm,要求转位均匀。

3)制孔、锪窝、铆接按照技术文件要求执行。

4)互换孔错位误差≤0.3 mm。

5)表面无划伤,棱边无毛刺。

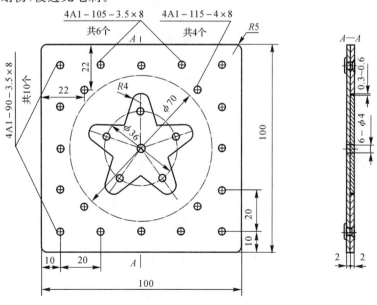

图 12.8 五方梅花口盖修合与铆接训练

表 12.3 五方梅花口盖修合与铆接操作评分表

五方梅花口盖修合与铆接操作评分表		图 号		考 号			总 分		
序号	考核要求	配分 T	评分标准			检测工具	检测结果	扣分	
			≤T	>T,≤2T	>2T				
1	(100 mm×100 mm)±0.5 mm	2	2	0	0	钢板尺			
2	四边互垂90°±40′	2	2	0	0	直角尺			
3	R5 mm(4 处)	2	2	0	0	半径规			
4	孔距 18 mm±0.3 mm(5 处)	5	5	0	0	游标卡尺			
5	R4 mm±0.3 mm,且过渡圆滑(5 处)	5	5	0	0	半径规			
6	边距 10 mm±0.5 mm(20 处)	10	10	0	0	钢板尺			
7	间距 20 mm±0.5 mm(16 处)	8	8	0	0	钢板尺			
8	边距(22 mm×22 mm)±0.5 mm(8 处)	4	4	0	0	钢板尺			
9	修合间隙 0.3~0.6 mm	12	12	0	0	塞尺			
10	口盖转位互换	5	5	0	0	目测			
11	互换孔 φ4.1 mm(5 处)	5	5	0	0	目测			
12	钉头质量(20 处)	20	20	0	0	目测			
13	镦头质量(20 处)	20	20	0	0	目测			
14	外观及未注尺寸	畸形、未加工完等扣总分 5~10 分 每超差一处扣 1 分				目测			
15	技术安全与文明生产	违反有关规定扣总分 5~10 分				现场记录			
合 计		100 分							
复核人员		检 测 人 员							
		签 字		检测项目序号					

项目课题 13　四方梅花口盖修合与铆接

项目课题 13 主要讲述四方梅花口盖修合与铆接任务实施工艺分析及材料、操作工量刀具、技术要求、相关专业知识，任务实施准备工作、操作步骤、注意事项及实施效果评价等内容。

教学要求

(1)掌握口盖准确划线方法。
(2)掌握间隙修合的方法与加工技巧。
(3)提高互换孔的加工质量。
(4)提高曲面内部锉削的技能。
(5)巩固铆接技能。
(6)遵守安全操作规定。

内容框架图

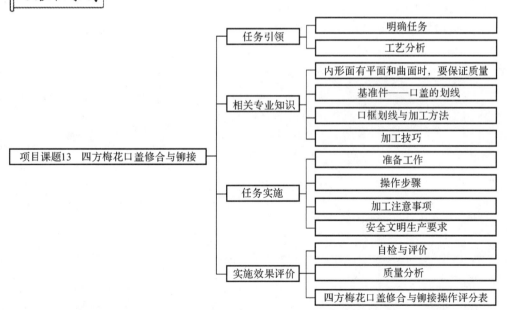

【任务引领】

一、明确任务

1.四方梅花口盖修合与铆接

按照图样(见图 13.1)的要求进行零件加工。

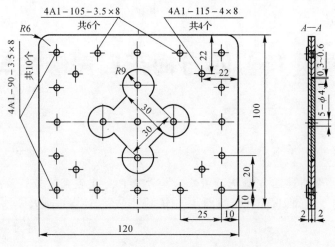

图 13.1　四方梅花口盖修合与铆接零件

2. 技术要求

（1）外形尺寸、边距、间距公差为±0.5 mm；基准尺寸为 30 mm，公差为±0.3 mm；R9 mm 过渡圆滑。

（2）口盖修合间隙为 0.3～0.8 mm，要求口盖转位间隙均匀。

（3）互换孔 5-ϕ4.1 mm 在口盖转位时错位误差≤0.3 mm。

（4）制孔、锪窝、铆接按照技术文件要求执行。

（5）试板表面无损伤，棱边无毛刺。

3. 四方梅花口盖修合与铆接工量刀具清单

四方梅花口盖修合与铆接工量刀具清单见表 13.1。

表 13.1　四方梅花口盖修合与铆接工量刀具清单

四方梅花口盖修合与铆接工量刀具清单				毛　坯		材　料	数　量	图　号
				δ2 mm×125 mm×105 mm		2A12T4	2 件	MZ13
				δ2 mm×50 mm×50 mm			1 件	
序号	名　称	规　格	数　量	序号	名　称	规　格		数　量
1	风钻	Z801	1	11	圆锉	100 mm		1
2	风钻	Z601	1	12	弓形夹			3
3	铆枪	M301	1	13	顶铁			1
4	钻头	ϕ3.6 mm	1	14	钢板尺	150 mm		1
5	钻头	ϕ4.1 mm	1	15	游标卡尺	150 mm		1
6	钻头	ϕ2.7 mm	1	16	直角尺	125 mm×200 mm		1
7	锪窝钻	ϕ3.5 mm×90°	1	17	半径规	R1～R6.5 mm		1
8	锪窝钻	ϕ4 mm×120°	1	18	塞尺			1
9	窝头	半圆、平	各 1	19	铣轮	ϕ10 mm		1
10	平锉刀	200 mm，150 mm	各 1					
备注	铆工常用工具							

二、工艺分析

(1)根据图纸和技术要求明确图纸中的四方梅花口盖为基准件,加工口框时以口盖为标准进行划线及间隙的修合。

(2)基准件口盖在加工中,尺寸的控制及对称性的保证是加工的难点。因此,口盖从划线开始就要求尺寸准确,减少误差的存在,线条要细而准。圆弧 $R9$ mm 划线半径要准确,中心定位要准确,以减少对称度的误差。

(3)口框与口盖修合间隙的质量保证,不仅依赖于基准件的准确性,而且依赖于口框内曲面、平面锉削技能的好坏。因此,口框在划线时须先划出原始线条,再划出加宽线条,锉削时把握好粗加工与精加工的范围,保证间隙不会出现过大超差的情况。

(4)口框在采用钻排孔去除余量时,尽可能做到孔孔相切或相交,钻头选用较大的 $\phi4.1$ mm 规格。同时,须先在转折处或拐角处起钻,后钻直面或大曲面;若是顺着钻孔,会出现在转折处位置不够而留有较大的锉削量,造成锉削或铣削困难而出现超差的情况。

【相关专业知识】

一、内形面有平面和曲面时,要保证质量

加工时需注意以下几点:

(1)内平面加工时,锉刀或铣轮要端稳,不能出现偏摆或滑动,以免出现塌边或塌角现象。

(2)内曲面加工时,铣轮保持小切削量,移动稳定,以免出现定点铣切出深痕。

(3)当内曲面和平面共存时,加工前将锉刀的侧边在砂轮上磨光,锉削时邻边可以起到保护作用。

(4)根据加工面的大小合理选用工具。

二、基准件——口盖的划线

基准件口盖划线的准确性决定了加工质量。这是 30 mm×30 mm×30 mm 的正四方体,划线时要保证对边平行、四边等长、邻边相互垂直。然后以四个角为圆心划出 $R9$ mm 的圆弧与四方体相交。此时测量尺寸,A_1 和 A_2 要等长,B_1 和 B_2 要等长,且保证是对称的,如图 13.2 所示。

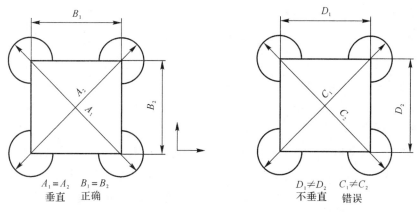

图 13.2　基准件——口盖的划线

三、口框划线与加工方法

口框依据口盖划好线后,此线为锉削时的原始线条。为了避免学生在锉削时对锉削量掌握不好,在原始线条的内部将线条加粗 0.3 mm,且均匀。这样,在粗加工时,将加粗的线条锉削去除,留下原始线条粗细均匀后,再精加工到将原始线条锉削去除。此时,用基准件口盖进行检查,将明显的高点锉修掉,保证间隙均匀。在转位间隙检查时,一定要多转几个位置确定间隙不均的位置才可以锉修。一般只修配合件,当确定是基准件的问题时,也可以锉修基准件,如图 13.3 所示。

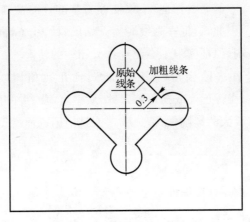

图 13.3　口框划线与加工方法

四、加工技巧

配合件口框在加工时,中间划线一般是按照基准件的实际尺寸进行划线的,这样使得口框在外形尺寸的加工及垂直度、中心线的划线中存有一定的误差,且测量基准件时还有一定的误差存在,双重误差累积容易造成加工后间隙较大、不均的情况。对此,在基准件加工对称后,口框加工外形垂直度合格后,划出中心线,确定口盖在口框的中心位置线,将口盖的中心线与口框的中心线对齐后,只需要在口框上按照口盖的外形贴近根部划出轮廓线后,再加工粗线条,进行粗、精锉削,这样就减少了误差的累积,便于保证间隙的修合精度。

【任务实施】

一、准备工作

1.试板毛坯

检查毛坯尺寸:$\delta 2$ mm×50 mm×50 mm,$\delta 2$ mm×125 mm×105 mm。材料:2A12T4。数量:$\delta 2$ mm×50 mm×50 mm,1件;$\delta 2$ mm×125 mm×105 mm,2件。

2.工艺装备

Z601,Z801 风钻;M301 铆枪;顶铁;平窝头;半圆窝头;$\phi 4$ mm×120°,$\phi 3.5$ mm×90°锪窝钻;$\phi 2.7$ mm,$\phi 3.6$ mm,$\phi 4.1$ mm,$\phi 8$ mm 钻头;200 mm 或 150 mm 铝锉刀;100 mm 圆锉;$\phi 10$ mm 铣轮;150 mm 或 300 mm 钢板尺;200 mm 直角尺;150 mm 游标卡尺;$R1 \sim R6.5$ mm 半径规;塞尺;2B 铅笔;$\delta 1$ 包装纸若干。

二、操作步骤

1. 读图和理解技术文件

(1)了解图纸上关于铆钉规格的标注,确定铆钉种类和数量。

(2)根据尺寸标注确定基准件、间隙修合和技术要求。

(3)明确互换孔错位误差技术要求。

2. 基准件——四方梅花口盖的加工

(1)检查口盖毛料尺寸是否>50 mm×50 mm。

(2)在毛料上划出互相垂直的中心线,依据图纸尺寸,划出四方梅花形状的原始线条,要求尺寸准,线条细。

(3)检查划线的准确性,确认无误后,钻排孔去除余料,要求孔孔相切,离轮廓线有 0.5 mm 距离。

(4)粗加工锉削或铣削去除各边的余量,控制好粗加工后距离原始线条 0.2 mm,距离均匀。

(5)精加工轮廓面到原始线条去除为止。注意加工时根部清根到位,外曲面过渡圆滑,平面与对面平行。相关尺寸测量监控到位,尺寸均匀,无塌面、R 角现象,如图 13.4 所示。

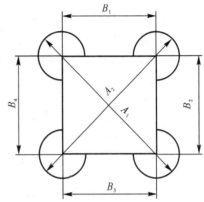

$$A_1 = A_2 \quad B_1 = B_2 = B_3 = B_4$$

图 13.4 加工时根部清根到位

3. 配合件——口框的加工

(1)检查口框毛料尺寸是否>120 mm×100 mm。

(2)加工口框外形,保证外形尺寸为(120 mm×100 mm)±0.5 mm,四边相互垂直。

(3)在口框上划出中心线,注意口盖的 45°倾斜方向,划线一定要用正规的方法,否则会给后面的修合带来困难,造成间隙不均。

(4)将口盖十字中心线与口框中心线对齐后,勾出外形轮廓线,线条贴近根部,要细而准,并加粗线条。

(5)采用钻排孔的方式去除口框中心余料,做到孔孔相切。

(6)粗加工去除大余量,加工到原始线条均匀露出即可。

(7)精加工到原始线条全部没有后,用口盖检查修合间隙,不均匀处锉修,直到满足转位间隙均匀即可,如图 13.5 所示。

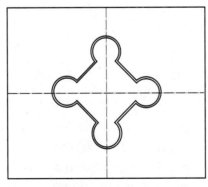

图 13.5 用口盖检查修合间隙

4.底板的加工

将底板外形锉削或铣削到(120 mm×100 mm)±0.5 mm,四边相互垂直,去除各边毛刺。

5.制孔、锪窝、铆接

(1)在口框上按图纸的要求划出所有孔位线。

(2)用 $\phi2.7$ mm 钻头钻出导孔。

(3)将底板与口框用弓形夹定位夹紧,扩孔、锪窝、铆接,直至达到技术要求。

6.互换孔的加工

按要求钻制 5 - $\phi4.1$ mm 互换孔,保证错位误差≤0.2 mm,并去毛刺。

7.圆角的加工

划出 $R6$ 位置线,锉修 4 - $R6$ mm 圆角,过渡圆滑,清除毛刺。

8.外形修整

将加工结束的课件外观进行修整,包括去毛刺、对铆接不合格的铆钉进行分解后重新铆接,并用清洗剂将表面的划线全部清洗干净。

9.检查

依据图样对全部的尺寸要求进行复检。

三、加工注意事项

(1)口盖划线要准确,加工时要勤测量,相关尺寸要控制好。

(2)加工口框时,注意方向准确,不要反向。

(3)修合时要细心,避免出现间隙大小不均匀的现象。

(4)铆接时按图示位置进行,锪窝的深浅要用铆钉检查合格后再铆接。

(5)钻互换孔时,垫纸的厚度要紧,避免口盖在口框内位移窜动。

(6)铆接时掌握好镦头的高度,同规格的铆钉镦头高度要一致。

(7)对不合格的铆钉进行分解时,钻头定心要准、要稳,避免跑钻,伤到零件表面。

四、安全文明生产要求

(1)实习现场学生必须穿好工作服,做到三紧,女生必须戴好工作帽,穿全包裹平底鞋。

(2)实习现场不允许追赶打闹,不允许用风动工具开玩笑。

(3)去除材料余料时,必须按照正确的方法进行,以免出现划伤手或者崩断钻头的现象。

(4)实习结束后,学生必须按照要求将工具放置到位,清理并打扫干净工作现场。

【实施效果评价】

一、自检与评价

每位学生完成课题后,按照图样和评分标准认真检测每一项考核指标,对不符合要求的铆钉和超差的尺寸做出自检标记。

二、质量分析

学生针对自己在加工中出现的质量问题做出原因分析,并提出纠正措施,指导教师对全部学生的课件进行检测,并做好检测记录。对于学生在操作过程中普遍存在的操作方法、检测方法、技术安全等方面的问题,分析产生错误的原因,提出纠正措施,避免类似的问题重复发生。

三、四方梅花口盖修合与铆接操作评分表

四方梅花口盖修合与铆接操作评分表见表 13.2。

表 13.2　四方梅花口盖修合与铆接操作评分表

四方梅花口盖修合与铆接操作评分表		图　号	考　号		总　分		
		MZ13					
序号	考核要求	配分 T	评分标准			检测工具	检测结果	扣分
			$\leqslant T$	$>T,\leqslant 2T$	$>2T$			
1	100 mm±0.5 mm	6	6	0	0	游标卡尺		
2	120 mm±0.5 mm	6	6	0	0	游标卡尺		
3	四边互垂 90°±30′	4	4	0	0	直角尺		
4	4-R6 mm 过渡圆滑（4 处）	4	4	0	0	半径规		
5	边距 10 mm±0.5 mm（20 处）	6	6	0	0	钢板尺		
6	间距 20 mm±0.5 mm（8 处）	3	3	0	0	钢板尺		
7	间距 25 mm±0.5 mm（8 处）	3	3	0	0	钢板尺		
8	边距 22 mm±0.5 mm（8 处）	4	4	0	0	钢板尺		
9	口盖孔距 30 mm±0.3 mm（4 处）	4	4	0	0	游标卡尺		
10	口盖 R9 mm 过渡圆滑（4 处）	4	4	0	0	半径规		
11	修合间隙 0.3～0.6 mm，要求间隙均匀	12	12	0	0	塞尺		
12	口盖转位间隙均匀	3	3	0	0	目测		
13	互换孔错位误差≤0.3 mm（4 孔）	4	4	0	0	目测		
14	钉头质量（16 处）	16	16	0	0	钉头量规		
15	镦头质量（16 处）	10	10	0	0	镦头量规		
16	窝质量（2 处）	4	4	0	0	窝量规		
17	分解铆钉（2 处）	4	4	0	0	目测		
18	外形阶差≤0.2 mm	3	3	0	0	目测		
19	表面质量	表面划伤、撞伤、机械损伤每处扣 1 分				目测		
20	技术安全与文明生产	违反有关规定扣总分 5～10 分				现场记录		
合　　计		100 分						

检测：　　　　　　　　　　　　　　年　　月　　日

【课后思考与练习】

(1)口盖加工的关键是什么?

(2)如何保证口框加工间隙的修合均匀?

(3)在课题加工中存在什么问题?产生该问题的原因是什么?应采用什么预防措施?

(4)如图 13.6 所示,进行三角形梅花口盖修合与铆接训练。评分表见表 13.3,技术要求如下:

1)外形尺寸、边距、间距公差为±0.5 mm,互换孔孔距为 40 mm,R7 mm 公差为±0.3 mm。

2)制孔、锪窝、铆接按技术要求执行。

3)口盖与口框修合间隙为 0.3~0.8 mm,要求口盖旋转六个方位间隙均匀。

4)互换孔 3 - φ4.1 mm 在口盖旋转后不错位,公差为 0.3 mm。

5)图中标识 B 为 φ4 mm×120°制孔、锪窝、不铆接。

6)外形阶差≤0.3 mm。

7)棱边无毛刺,表面无划伤。

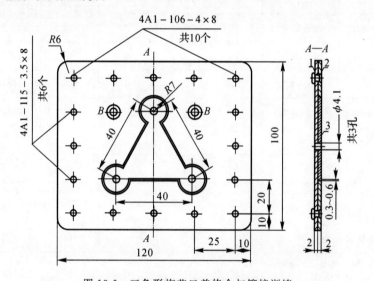

图 13.6　三角形梅花口盖修合与铆接训练

表 13.3　三角形梅花口盖修合与铆接操作评分表

三角形梅花口盖修合与铆接操作评分表		图　号		考　号		总　分		
序号	考核要求	配分 T	评分标准			检测工具	检测结果	扣分
			≤T	>T,≤2T	>2T			
1	(100 mm×120 mm)± 0.5 mm	4	4	0	0	游标卡尺		
2	四边互垂 90°±30′	4	4	0	0	直角尺		
3	4 - R6 mm 过渡圆滑	4	4	0	0	半径规		

续 表

序号	考核要求	配分 T	评分标准			检测工具	检测结果	扣分
三角形梅花口盖修合与铆接操作评分表			图 号		考 号	总 分		
			≤T	>T,≤2T	>2T			
4	口盖孔距 40 mm±0.5 mm（3 处）	6	6	0	0	游标卡尺		
5	3－R7 mm 过渡圆滑（3 处）	6	6	0	0	半径规		
6	铆钉边距 10 mm±0.5 mm（20 处）	10	10	0	0	钢板尺		
7	铆钉间距 20 mm±0.5 mm（10 处）	4	4	0	0	游标卡尺		
8	铆钉间距 25 mm±0.5 mm（10 处）	4	4	0	0	游标卡尺		
9	修合间隙 0.3～0.8 mm，要求间隙均匀（6 处）	12	12	0	0	塞尺		
10	口盖转位间隙均匀	3	3	0	0	目测		
11	互换孔 3－φ4.1 mm 转位错位误差≤0.2 mm （3 孔）	4	4	0	0	目测		
12	铆接钉头质量（16 个）	16	16	0	0	钉头量规		
13	铆接镦头质量（16 个）	16	16	0	0	镦头量规		
14	图示 B 窝质量（2 处）	4	4	0	0	窝量规		
15	外形阶差≤0.3 mm	3	3	0	0	目测		
16	外观及未注尺寸	畸形、未加工完等扣总分 5～10 分 每超差一处扣 1 分				目测		
17	技术安全与文明生产	违反有关规定扣总分 5～10 分				现场记录		
合　　计		100 分						

复核人员	检 测 人 员	
	签　字	检测项目序号

项目课题 14　制　深　孔

内容提示

项目课题 14 主要讲述制深孔任务实施工艺分析及材料、操作工量刀具、技术要求、相关专业知识,任务实施准备工作、操作步骤、注意事项及实施效果评价等内容。

教学要求

(1)掌握深孔加工的方法及操作技能。

(2)能较好地解决深孔加工中排屑和冷却问题。

(3)掌握深孔钻头分屑槽的形式、刃磨要求及方法。

内容框架图

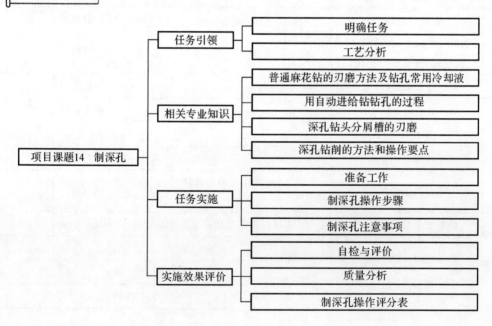

```
                        ┌─────────────────────────────────┐
            ┌──任务引领──┤            明确任务              │
            │           ├─────────────────────────────────┤
            │           │            工艺分析              │
            │           └─────────────────────────────────┘
            │           ┌─────────────────────────────────┐
            │           │  普通麻花钻的刃磨方法及钻孔常用冷却液  │
            │           ├─────────────────────────────────┤
            │           │        用自动进给钻钻孔的过程        │
            ├─相关专业知识─┤─────────────────────────────────┤
项目课题14  制深孔        │        深孔钻头分屑槽的刃磨        │
            │           ├─────────────────────────────────┤
            │           │       深孔钻削的方法和操作要点       │
            │           └─────────────────────────────────┘
            │           ┌─────────────────────────────────┐
            │           │            准备工作              │
            │           ├─────────────────────────────────┤
            ├──任务实施──┤          制深孔操作步骤          │
            │           ├─────────────────────────────────┤
            │           │          制深孔注意事项          │
            │           └─────────────────────────────────┘
            │           ┌─────────────────────────────────┐
            │           │            自检与评价            │
            │           ├─────────────────────────────────┤
            └─实施效果评价─┤            质量分析              │
                        ├─────────────────────────────────┤
                        │          制深孔操作评分表          │
                        └─────────────────────────────────┘
```

【任务引领】

一、明确任务

1.制深孔

在 $\delta5$ mm×50 mm×150 mm 的材料上从厚度 $\delta5$ 的方向钻制 $\phi4$ mm 孔 14 个,如图 14.1 所示。

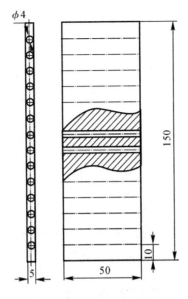

图 14.1　制深孔零件

2.技术要求

(1)材料外形锉削加工至尺寸(50 mm×150 mm)±0.5 mm。

(2)孔 $\phi4$ mm 垂直度为 0.1 mm,对称度为 0.1 mm。

(3)钻孔要求加冷却液,并经常退刀排屑。

(4)试板表面无钻孔鼓包。

3.制深孔工量刀具清单

制深孔工量刀具清单见表 14.1。

表 14.1　制深孔工量刀具清单

制深孔工量刀具清单				毛　坯	材　料	数　量	图　号
				$\delta5$ mm×51 mm×151 mm	2A12T4	1	MZ14
序　号	名　称	规　格	数　量	序　号	名　称	规　格	数　量
1	风钻	Z601	1	5	铣轮	$\phi20$ mm	1
2	钻头	$\phi4$ mm	3	6	钢板尺	150 mm	1
3	钻头	$\phi8$ mm	1	7	铅笔	2B	1
4	平锉刀	200 mm	1				
备注	铆工常用工具						

二、工艺分析

1.钻孔时孔垂直度的控制

钻孔垂直度控制不好,会影响后面的扩孔、铰孔工序,且难以纠正。手工钻孔时,保证孔垂直度常用的方法有采用垂直钻套控制、直角尺控制和钻模控制。

2.普通麻花钻钻深孔方法

(1)普通麻花钻钻深孔一般采用分级进给的加工方法,即在钻削过程中使用钻头加工一定时间或一定深度后退出工件,借以排除切屑、冷却刀具,然后重复进刀或退刀,直至加工完毕。退钻次数的参考见表14.2。

表 14.2 退钻次数的参考 单位:次

孔深/mm	<3.5	3.5~4.8	4.8~5.9	5.9~7.0	7.0~8.0	8.0~9.2	9.2~10.2	10.2~11.4	11.4~12.4
退钻次数	0	1	2	3	4	5	6	7	8

(2)钻通深孔而没有加长钻头时,可采用两边钻孔的方法。先在工件的一边钻孔至孔深的一半,再在工件的另一边钻孔。当孔快钻通时,进给量要小,以免因两孔不同轴而将钻头折断。

(3)为避免出现两边钻孔不同轴的情况,钻第二面孔时一定要测量清楚第一面孔的位置尺寸后,根据其实际位置尺寸钻第二面孔,以免出现孔在工件中心处出现较大的台阶,甚至将钻头折断,如图14.2所示。

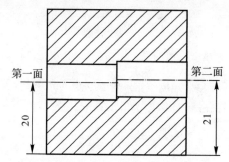

第一面孔位正确,第二面孔位偏高,钻孔时在材料中间形成台阶面

图 14.2 两边钻孔的位置

【相关专业知识】

一、普通麻花钻的刃磨方法及钻孔常用冷却液

1.普通麻花钻的刃磨方法

磨主切削刃时,左手握住钻头前部作定位支点,右手将钻尾上下摆动,摆动到磨着刀刃时,要保证适当的后角,操作时,钻头一边摆动,一边绕钻头中心线旋转,保证钻心处后角较大。切削刃磨好后,两主切削刃要等长,后角要等值,横刃斜角的大小决定了钻头切削刃靠近钻心处后角的正确性。

2.钻孔常用的冷却液

(1)钻铝合金时,用煤油或煤油和菜油的混合油冷却。

(2)钻不锈钢时,用1.3%肥皂水加2%亚麻油冷却。

(3)钻高强度合金钢时,用1.7%硫化乳化液冷却。

(4)钻钛合金时,用氯化油液冷却。

(5)钻镁合金时,用冷风作冷却剂或采用硫化油乳化液冷却。

(6)钻有机玻璃时,用压缩空气强行冷却。

二、用自动进给钻钻孔的过程

(1)自动进给钻钻孔是一种自动进刀的钻孔方法。在自动进给钻的轴转速恒定不变的情况下,钻头反复进入孔和完全撤离孔,钻头每次进入孔的深度逐次增加,直至达到要求深度为止,如图14.3所示。

(2)使用自动进给钻制孔时,应将其固定在钻模上。

(3)为了保证孔的精度和表面粗糙度,应使用润滑剂。

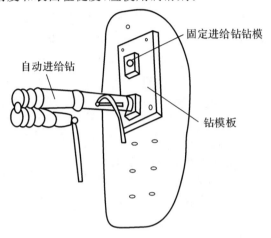

图 14.3 自动进给钻钻孔

三、深孔钻头分屑槽的刃磨

(1)分屑槽的作用:使钻头分段切削,切屑可成窄长条形,减少切屑的卷曲程度,从而减少切屑所占空间及切屑与钻头、孔壁的摩擦,使切屑容易排出。

(2)分屑槽的修磨形式如图14.4所示。

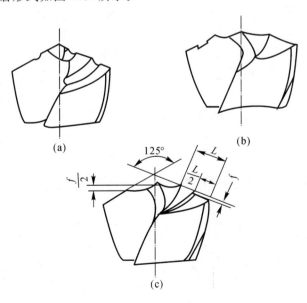

图 14.4 分屑槽的修磨形式

(a)不对称分屑槽; (b)单边分屑; (c)单边分屑阶台

四、深孔钻削的方法和操作要点

深孔钻削的突出问题是排屑和冷却,钻孔时若能注意下列方法和操作要点,深孔钻削就能顺利进行。

(1)钻头的刃磨要保证断屑、分屑,使两螺旋槽均匀容屑和排屑。去除刃口的毛刺,以防黏结。

(2)尽量选用新钻头,钻头的长度能满足孔的深度即可,以增加钻头的刚性。

(3)钻孔深度达到约3倍孔径时,应退出钻头及时排屑。钻头退出要快,以利排屑。

(4)当钻孔深度达到较深时,进给深度应减少,排屑次数应增加。严格监测每次钻孔深度,防止进给过多使切屑挤死在螺旋槽内,造成钻头折断。

(5)当钻头刃口磨损时,应及时刃磨,以减少切削阻力。

(6)借助排屑,应及时向孔内注入充足的切削液,以降低切削温度,减少钻头与切屑的黏结。

(7)开始钻削时,压力要小,进给量要小。钻心选定后,风钻要握住并垂直,用力要向前,不要出现左右晃动的现象。

(8)时刻注意观察钻削的动态,进给量的大小、钻削深度、排屑情况、风钻的垂直度、零件表面是否有轻微鼓包产生等,若发现异常,即刻处理。

【任务实施】

一、准备工作

1.试板毛坯

检查毛坯尺寸:δ5 mm×51 mm×151 mm。材料:2A12T4。数量:1件。

2.工艺装备

Z601风钻;风带;φ4 mm,φ8 mm钻头;200 mm铝锉刀或φ20 mm铣轮;150 mm或300 mm钢板尺;200 mm直角尺;150 mm游标卡尺;2B铅笔。

二、制深孔操作步骤

1.外形加工

用锉刀锉削或者用铣轮铣削毛坯材料外形至尺寸(50 mm×150 mm)±0.5 mm,要求外形四面与大平面垂直,去除各棱边毛刺。

2.划线

依据图样进行划线,以外形为基准,材料两边分别划出间距为10 mm的孔位线。

3.制深孔

按照图纸要求进行制孔,保证孔的位置度、对称度合格。

4.修整

去除所有孔口的毛刺。

5.检查孔质量

(1)孔垂直度检查:用φ4 mm直销插入孔内,测量直销两端的尺寸≤0.1 mm。

(2)对称度检查:用游标卡尺测量孔两侧尺寸,差值/2≤0.1 mm,如图14.5所示。

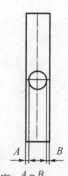

对称度:$\dfrac{A-B}{2}\leqslant 0.1\ mm$

图14.5 对称度检查

三、制深孔注意事项

(1)制深孔时,风钻的垂直度在起钻前就要掌握好,不允许在制孔过程中不断去调整垂直度。

(2)钻孔要按照技术要求进行操作,防止出现频繁断钻头的现象。

(3)起钻时力量要小,确定好孔位,若出现孔位不正时,应在孔最大直径没有出来之前就借正,否则孔口会产生变形或出现喇叭口现象。

(4)钻孔过程中要不断观察零件表面是否有鼓包产生,发现后要微量调整垂直位置,将孔有效借正。

(5)所有的孔制完后,必须要去除孔口毛刺。

(6)操作者要有认真、仔细的态度。

【实施效果评价】

一、自检与评价

每位学生完成课题后,按照图样和评分标准认真检测课件是否符合要求,对不合格的铆钉孔做出自检标记。

二、质量分析

学生针对自己在加工中出现的质量问题做出原因分析,并提出纠正措施,指导教师对全部学生的课件进行检测,并做好检测记录。对于学生在操作过程中普遍存在的操作方法、检测方法、技术安全等方面的问题,分析产生错误的原因,提出纠正措施,避免类似的问题重复发生。

三、制深孔操作评分表

制深孔操作评分表见表 14.3。

表 14.3 制深孔操作评分表

制深孔操作评分表		图 号		考 号		总 分		
		MZ14						
序号	考核要求	配分 T	评分标准			检测工具	检测结果	扣分
			$\leqslant T$	$>T, \leqslant 2T$	$>2T$			
1	(50 mm×150 mm)±0.5 mm	10	10	0	0	钢板尺		
2	$\phi 4$ mm 垂直度 0.1 mm(14 孔)	35	35	0	0	测量棒		
3	$\phi 4$ mm 对称度 0.1 mm(14 孔)	35	35	0	0	游标卡尺		
4	表面鼓包或破壁情况(14 孔)	20	20	0	0	目测		
5	表面质量	表面划伤、撞伤每处从总分中扣 1 分				目测		
6	技术安全与文明生产	违反有关规定扣总分 5～10 分				现场记录		
合 计		100 分						

检 测: 年 月 日

【课后思考与练习】

(1)如何刃磨钻头的分屑槽?

(2)钻孔中冷却液的种类有哪些? 各应用于什么材料?

(3)钻深孔的注意事项是什么?

(4)如图 14.6 所示,进行制深孔训练。评分表见表 14.4,技术要求如下:

1)所有外形尺寸公差为±0.5 mm。

2)孔 ϕ4 mm 垂直度为 0.1 mm,对称度为 0.1 mm。

3)钻孔要求加冷却液,并经常退刀排屑。

4)试板表面无钻伤、鼓包。

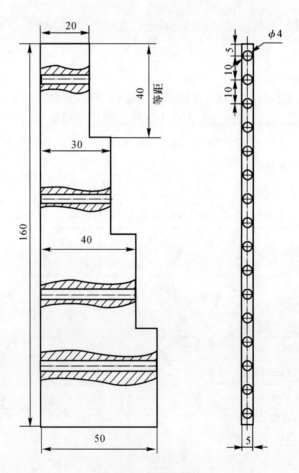

图 14.6　制深孔训练

表 14.4 制深孔操作训练评分表

制深孔操作评分表		图 号		考 号	总 分		
序号	考核要求	配分 T	评分标准			检测工具	检测结果	扣分
			$\leqslant T$	$>T,\leqslant 2T$	$>2T$			
1	(50 mm×40 mm)±0.5 mm	4	4	0	0	游标卡尺		
2	(40 mm×40 mm)±0.5 mm	4	4	0	0	游标卡尺		
3	(30 mm×40 mm)±0.5 mm	4	4	0	0	游标卡尺		
4	(20 mm×40 mm)±0.5 mm	4	4	0	0	游标卡尺		
5	(50 mm×160 mm)±0.5 mm	4	4	0	0	游标卡尺		
6	ϕ4 mm 垂直度 0.1 mm (16孔)	32	32	0	0	测量棒		
7	ϕ4 mm 对称度 0.1 mm (16孔)	32	32	0	0	游标卡尺		
8	表面鼓包或破壁情况 (16孔)	16	16	0	0	目测		
9	外观及未注尺寸	畸形、未加工完等扣总分5~10分 每超差一处扣1分				目测		
10	技术安全与文明生产	违反有关规定扣总分5~10分				现场记录		
合 计		100分						

复核人员	检 测 人 员						
	签 字	检测项目序号					

项目课题 15　椭圆形口盖修合与铆接

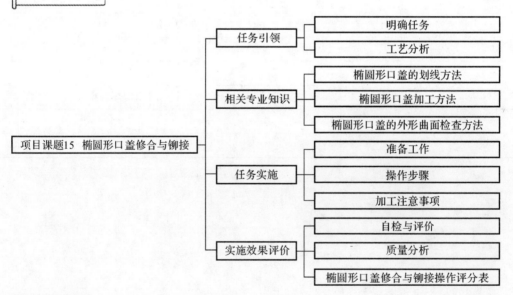

【任务引领】

一、明确任务

1.椭圆形口盖修合与铆接

按照图样(见图 15.1)的要求进行零件加工。

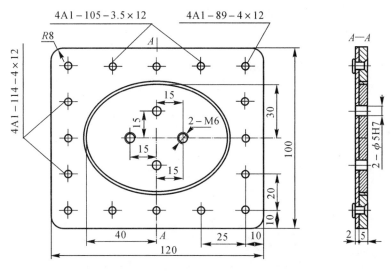

图 15.1　椭圆形口盖修合与铆接零件

2.技术要求

(1)外形尺寸、边距、间距公差为±0.5 mm,口盖尺寸公差为±0.5 mm,特殊孔距公差为±0.5 mm。

(2)口盖修合间隙为 0.3~0.8 mm,要求口盖翻转间隙均匀。

(3)螺纹孔螺栓连接,ϕ5H7 孔不错位。

(4)制孔、锪窝、铆接按照技术文件要求执行。

(5)试板表面无损伤,棱边无毛刺。

3.椭圆形口盖修合与铆接工量刃具清单

椭圆形口盖修合与铆接工量刃具清单见表 15.1。

表 15.1　椭圆形口盖修合与铆接工量刃具清单

椭圆形口盖修合与铆接 工量刃具清单		毛坯	材料	数量	图号
		δ2 mm×125 mm×105 mm		1 件	
		δ5 mm×125 mm×105 mm	2A12T4	1 件	MZ15
		δ5 mm×85 mm×65 mm		1 件	

序 号	名 称	规 格	数量	序 号	名 称	规 格	数量
1	风钻	Z801	1	14	窝头	半圆、平	各 1
2	风钻	Z601	1	15	平锉刀	200 mm	1
3	铆枪	M301	1	16	半圆锉	200 mm	1
4	钻头	ϕ3.6 mm	1	17	弓形夹		3
5	钻头	ϕ4.1 mm	1	18	顶铁		
6	钻头	ϕ2.7 mm	1	19	钢板尺	150 mm	1
7	钻头	ϕ4.8 mm	1	20	游标卡尺	150 mm	1
8	钻头	ϕ5 mm	1	21	直角尺	125 mm×200 mm	1

续 表

椭圆形口盖修合与铆接 工量刀具清单			毛 坯	材 料	数 量	图 号
			δ2 mm×125 mm×105 mm	2A12T4	1件	MZ15
			δ5 mm×125 mm×105 mm		1件	
			δ5 mm×85 mm×65 mm		1件	
9	钻头	φ8 mm	1	22	半径规	R1～R6.5 mm	1
10	锪窝钻	φ3.5 mm×90°	1	23	铣轮	φ20 mm	1
11	锪窝钻	φ4 mm×120°	1	24	快速定位销	φ2.7 mm	若干
12	丝锥	M6	1副	25	垂直钻套	φ5 mm	2
13	铰刀	φ5H7	1				
备注	铆工常用工具						

二、工艺分析

1.图纸分析

(1)根据图纸和技术要求明确课题加工内容,包括试板的材料、厚度,需要工具的种类,标准件的规格、数量。本课题制件由口盖、口框和底板三部分铆装而成。

(2)根据图纸上口盖与口框间隙处尺寸标注箭头所指的位置可判定出基准件为椭圆形口盖。

(3)确定椭圆形口盖的划线方法,配合间隙的要求,以及螺纹孔、精度孔的加工方法。

(4)根据图纸确定正确的加工方法和顺序。

(5)明确厚薄材料在铆接中的注意要点。

2.口盖与口框的加工

本课题要保证口盖与口框的修合间隙均匀。

(1)口盖在加工中,首先划线要准确,减少误差的产生。其次外曲面加工要采用合适的方法:对余量大的粗加工一般采用铣轮铣削的方法,余量小的精加工一般是用锉刀修整,保证曲面过渡圆滑。最后就是在加工中注意口盖的上下和左右的对称性,依据对称中心线多点监控测量,避免出现梭子形或误差较大的现象。

(2)椭圆形口框的加工难度比较大,原因一是口框材料比较厚,锉削或铣削加工时要注意控制好加工面与外表面的垂直度,避免出现内表面加工成斜面的现象。原因二是内表面是由四段曲面连接而成的,尺寸不便于监控、测量,加工难度较大。因此,在加工前,一定要将轮廓线划清晰,不要出现线条粗细不均或涂抹严重的现象。精加工结束后,一定要用合格的口盖试配修整间隙,保证间隙达到图纸要求。

3.螺纹孔与精度孔的加工

图纸上的螺纹孔与精度孔的加工要求是在口盖与口框间隙均匀的情况下,螺纹孔用M6的螺钉能顺利连接,精度孔用销子能顺利穿过。因此,在加工孔之前必须要消除口盖与口框的间隙。一般采用的方式就是垫纸消隙法。用相同间隙、相同厚度的韧性纸垫在口盖下部,防止口盖在口框中的窜动,然后加工孔。由于口框与底板的总厚度为7 mm,因此要保证孔的垂直度,钻孔时要采用垂直钻套。螺纹孔 M6 的底孔直径为 5 mm,钻孔后孔口要倒角 $1.5\times45°$,再用 M6 丝锥加机油进行内螺纹的加工。精度孔直径为 $\phi5H7$,钻孔时选用 $\phi4.8$ mm 钻头钻孔后用 $\phi5H7$ 手用铰刀进行铰孔。铰孔时保持手动的稳定性,减少晃动,防止孔径超差。

【相关专业知识】

一、椭圆形口盖的划线方法(见图 15.2)

已知椭圆的长半轴 OA 为 40 mm,短半轴 OC 为 30 mm,具体划线方法如下:

(1)连接长、短轴的端点 A,C,并以 O 为圆心,OA 为半径画弧 AE。

(2)再以 C 为圆心,EC 为半径画弧,交 AC 为点 F,作 AF 的中垂线,与两轴相交分别得1,2。

(3)取关于 O 的对称点 3,4,分别以 1,3 为圆心,以 $1A$ 为半径画圆弧,再分别以 2,4 为圆心,以 $2C$ 为半径画圆弧。

(4)用四段圆弧拼画成椭圆。

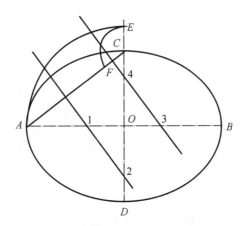

图 15.2 椭圆形口盖的划线方法

二、椭圆形口盖加工方法

椭圆形口盖在去除余量后一般采用铣削和锉削的方法加工。大余量铣削加工时,采用直径为 20 mm 的斜齿铣轮,铣削时手持风钻要平稳,并且左右移动均匀铣削曲面余量,不能出现在余量大的位置范围固定不动进行铣削,这样容易出现铣出凹痕的现象。当接近轮廓线时,用锉刀按照外圆弧的锉削方法修整外形,并控制圆弧过渡圆滑。

三、椭圆形口盖的外形曲面检查方法(见图 15.3)

椭圆形口盖加工中,外形曲面是无法用标准的半径规检测的。因此,划线时应在四个圆弧的切点位置做好标记,见图 15.3 中 E,F,G,H。在锉削或铣削加工后,用量具测量圆心 1 到外圆 E,A,G 三点的位置尺寸为 25 mm,且圆弧过渡圆滑。用同样的方法加工、检测右边圆心 3 到外圆 F,B,H 三点位置尺寸为 25 mm。上下曲面加工、测量分别是以 2,4 为圆心到外圆 E,C,F 和 G,D,H 距离为 50 mm,圆弧过渡圆滑。再将加工好的口盖放在纸上划出原形,然后旋转、翻转检测对称性,去除共点误差即可。

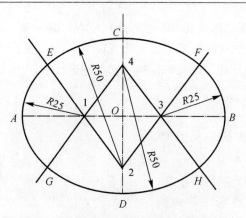

图 15.3　椭圆形口盖的外形曲面检查方法

【任务实施】

一、准备工作

1.试板毛坯

检查毛坯尺寸:δ5 mm×85 mm×65 mm,1 件;δ5 mm×125 mm×105 mm,1 件;δ2 mm×125 mm×105 mm,1 件。材料:2A12T4。

2.工艺装备

Z601,Z801 风钻;M301 铆枪;顶铁;平窝头;半圆窝头;ϕ4 mm×120°,ϕ3.5 mm×90°锪窝钻;ϕ2.7 mm,ϕ3.6 mm,ϕ4.1 mm,ϕ4.7 mm,ϕ5 mm,ϕ8 mm 钻头;ϕ5H7 铰刀;M6 丝锥;200 mm 铝锉刀;200 mm 半圆锉;ϕ20 mm 铣轮;150 mm 钢板尺;200 mm 直角尺;150 mm 游标卡尺;R1～R6.5 mm 半径规;2B 铅笔;δ1 包装纸若干。

二、操作步骤

1.椭圆形口盖的加工

(1)在口盖毛坯料上按照图纸划出椭圆形轮廓线,要求线条清晰而准确,并且标注出四个切点 E,F,G,H 及相关位置点 A,B,C,D(见图 15.4)。

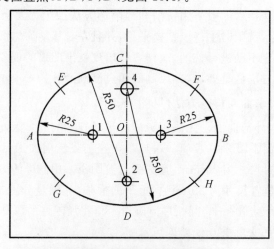

图 15.4　椭圆形轮廓线

（2）用钻排孔的方法去除周边的余料，粗加工铣削外形接近轮廓线后，精加工锉削修整外形到留 1/2 线宽。

（3）将口盖放置在白纸上贴近根部画出轮廓线，转位检查外形的互换性，将有问题的位置进行修整，达到互换的要求。

2.口框加工

（1）将口框的外形尺寸加工到（120 mm×100 mm）±0.5 mm，四边相互垂直后划出对称中心线。将加工好的口盖放置在口框的材料上，将口盖的中心线与口框的中心线完全对齐后，用铅笔沿着口盖的外形根部划出轮廓线，并将线条向外侧均匀加粗 0.3 mm（见图 15.5）。

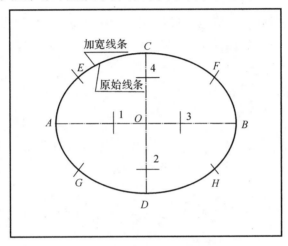

图 15.5　口框的外形尺寸

（2）用钻排孔的方法去除口框中椭圆形的余料，再用铣轮铣削口框的内形余料到原始线条后，将口盖放置到口框内试配，达到能较紧配合到口框内并能够较均匀地转位。

（3）用锉刀去除口框上加粗的线条，直到 0.3 mm 宽度线条全部均匀去除掉，再用口盖检查修合间隙，去除明显高点，达到图纸要求的口盖和口框的配合间隙，并且转位均匀。

3.底板加工

用铣轮铣削或用锉刀锉削 102 mm×122 mm 底板料外形，加工到口框的外形尺寸（100 mm×120 mm）±0.5 mm，保证外形垂直度为 90°±30′，去除棱边毛刺。

4.划线

在口框上根据图样要求划出所有铆钉位置线。

5.制孔、锪窝、铆接

操作时弓形夹要将口框与底板定位夹紧，使用垂直钻套要紧贴试板面，不要倾斜，按照图样上铆钉的规格进行制孔、锪窝、铆接，并保证质量。

6.螺纹孔及精度孔的加工

（1）在口盖上根据对称中心线划出四个特殊孔的位置线。

（2）用垫纸消隙法固定好口盖在口框中的位置，并用弓形夹固定夹紧。

（3）先用 ϕ2.7 mm 钻头钻出相邻两个位置的导孔，再将口盖旋转 180°，采用引孔的方法将另外两个位置的导孔钻出。

(4)用 ϕ4.8 mm 钻头扩短轴上的两个孔,用 ϕ5 mm 钻头扩长轴上的两个孔。

(5)用 ϕ5H7 手用铰刀加机油铰削 ϕ4.8 mm 精度孔。

(6)用 ϕ8 mm 钻头在 ϕ5 mm 孔口两面倒 1.5×45°倒角,去除 ϕ5H7 孔口毛刺。

(7)用 M6 丝锥加煤油进行 ϕ5 mm 孔内螺纹加工。

7.圆角的加工

在试板的四个角上分别划出 R8 mm 的圆角轮廓线,锉削加工合格,并去除毛刺。

8.外形修整

将加工结束的课件外观进行修整,包括去毛刺、对铆接不合格的铆钉进行分解后重新铆接,并用清洗剂将表面的划线全部清洗干净。

9.检查

依据图样对全部的尺寸要求进行复检。

三、加工注意事项

(1)椭圆形口盖划线一定要准确,当切点出现错位时一定要重划,不能用手勾画。

(2)在口框料上钻排孔去除余料时,由于材料比较厚,钻孔时一定要注意垂直度,避免钻成斜孔。

(3)口框铣削或锉削余料时,一要将工具拿稳,不要将平面铣削成斜面;二要依据线条加工,避免出现过线的情况。

(4)口框、底板定位夹紧时,保证外形一致,避免出现阶差。

(5)钻孔时要严格遵守加工方法,材料从厚向薄方向钻孔,并将垂直钻套拿稳,不要出现倾斜现象。

(6)铆接时注意铆钉的种类和位置,不要出现位置和铆钉的型号不符的现象。

(7)铆接时注意对已经铆好的铆钉镦头和钉头的保护,不要出现被虎钳夹伤的现象。

(8)螺纹孔和精度孔加工时一定要注意消除间隙,保持对称性,防止口盖窜动而达不到要求。

(9)操作者进行每一道工序操作时要有认真、仔细的态度。

【实施效果评价】

一、自检与评价

每位学生完成课题后,按照图样和评分标准认真检测每一项考核指标,对不符合要求的铆钉和超差的尺寸做出自检标记。

二、质量分析

学生针对自己在加工中出现的质量问题做出原因分析,并提出纠正措施,指导教师对全部学生的课件进行检测,并做好检测记录。对于学生在操作过程中普遍存在的操作方法、检测方法、技术安全等方面的问题,分析产生错误的原因,提出纠正措施,避免类似的问题重复发生。

三、椭圆形口盖修合与铆接操作评分表

椭圆形口盖修合与铆接操作评分表见表 15.2。

表 15.2　椭圆形口盖修合与铆接操作评分表

椭圆形口盖修合与铆接操作评分表		图　号		考　号		总　分		
		MZ15						
序号	考核要求	配分 T	评分标准			检测工具	检测结果	扣分
			$\leqslant T$	$>T,\leqslant 2T$	$>2T$			
1	100 mm±0.5 mm	4	4	0	0	游标卡尺		
2	120 mm±0.5 mm	4	4	0	0	游标卡尺		
3	四边互垂 90°±30′	2	2	0	0	直角尺		
4	4-R8 mm 过渡圆滑(4 处)	4	4	0	0	半径规		
5	边距 10 mm±0.5 mm(20 处)	5	5	0	0	钢板尺		
6	间距 20 mm±0.5 mm(8 处)	3	3	0	0	钢板尺		
7	间距 25 mm±0.5 mm(8 处)	3	3	0	0	钢板尺		
8	口盖长半轴 40 mm±0.5 mm(2 处)	6	6	0	0	钢板尺		
9	口盖短半轴 30 mm±0.5 mm(2 处)	6	6	0	0	钢板尺		
10	口盖孔距 15 mm±0.5 mm(4 处)	4	4	0	0	游标卡尺		
11	修合间隙 0.3~0.8 mm，要求间隙均匀	12	12	0	0	塞尺		
12	口盖转位间隙均匀	3	3	0	0	目测		
13	螺纹孔螺栓连接不错位(2 处)	4	4	0	0	螺纹塞规		
14	精度孔销子连接不错位(2 孔)	4	4	0	0	标准销棒		
15	钉头质量(16 处)	16	16	0	0	钉头量规		
16	镦头质量(16 处)	16	16	0	0	镦头量规		
17	外形阶差≤0.2 mm	4	4	0	0	目测		
18	表面质量	表面划伤、撞伤、机械损伤每处扣 1 分				目测		
19	技术安全与文明生产	违反有关规定扣总分 5~10 分				现场记录		
合　　计		100 分						

检测：　　　　　　　　　　　年　　月　　日

【课后思考与练习】

(1)椭圆形的画法是什么?

(2)椭圆形在加工中如何检查对称性?

(3)椭圆形口盖间隙修合的关键是什么?

(4)在铝材料上加工螺纹孔和铰削精度孔润滑的冷却液有何不同? 为什么?

(5)如图 15.6 所示,进行椭圆形口盖修合与铆接训练。评分表见表 15.3,技术要求如下:

1)外形尺寸、边距、间距公差为±0.5 mm,椭圆形尺寸公差为±0.5 mm,口盖孔距公差为 0.3 mm。

2)修合间隙为 0.3～0.8 mm,要求转位均匀。

3)制孔、锪窝、铆接按照技术文件要求执行。

4)互换孔错位误差≤0.3 mm。

5)表面无划伤,棱边无毛刺。

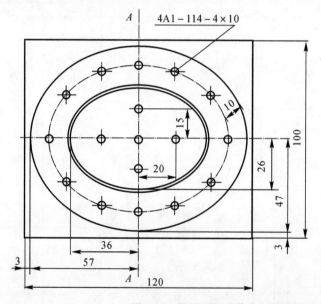
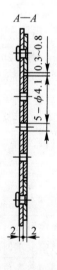

图 15.6 椭圆形口盖修合与铆接训练

表 15.3 椭圆形口盖修合与铆接操作评分表

椭圆形口盖修合与铆接操作评分表		图 号		考 号		总 分		
序号	考核要求	配分 T	评分标准			检测工具	检测结果	扣分
			$\leq T$	$>T,\leq 2T$	$>2T$			
1	(120 mm×100 mm)± 0.5 mm	4	4	0	0	钢板尺		
2	四边互垂90°±30′	4	4	0	0	直角尺		

续 表

序号	考核要求	配分 T	评分标准 ≤T	>T,≤2T	>2T	检测工具	检测结果	扣分
	椭圆形口盖修合与铆接操作评分表		图号		考号	总 分		
3	孔距 20 mm±0.3 mm(2 处)	4	2	0	0	游标卡尺		
4	孔距 15 mm±0.3 mm(2 处)	4	4	0	0	游标卡尺		
5	口盖长半轴 36 mm±0.5 mm(2 处)	6	6	0	0	钢板尺		
6	口盖短半轴 26 mm±0.5 mm(2 处)	6	6	0	0	钢板尺		
7	口框长半轴 57 mm±0.5 mm(2 处)	6	6	0	0	钢板尺		
8	口框短半轴 47 mm±0.5 mm(2 处)	6	6	0	0	钢板尺		
9	边距 10 mm±0.5 mm(12 处)	6	6	0	0	钢板尺		
10	间距等距±0.5 mm(12 处)	4	4	0	0	钢板尺		
11	修合间隙 0.3~0.8 mm,要求均匀	12	12	0	0	塞尺		
12	口盖转位互换	5	5	0	0	目测		
13	互换孔 ϕ4.1 mm(5 处)	5	5	0	0	目测		
14	钉头质量(12 处)	12	12	0	0	钉头量规		
15	镦头质量(12 处)	12	12	0	0	镦头样板		
16	口框与底板外形距离 3 mm,要求均匀	4	4	0	0	钢板尺		
17	外观及未注尺寸	畸形、未加工完等扣总分 5~10 分 每超差一处扣 1 分				目测		
18	技术安全与文明生产	违反有关规定扣总分 5~10 分				现场记录		
合　计		100 分						

复核人员	检 测 人 员		
	签　字	检测项目序号	

项目课题 16　六边形口盖修合和角材对缝修合与铆接

内容提示

项目课题 16 主要讲述六边形口盖修合和角材对缝修合与铆接任务实施工艺分析及材料、操作工量刀具、技术要求、相关专业知识,任务实施准备工作、操作步骤、注意事项及实施效果评价等内容。

教学要求

(1)熟练掌握六边形口盖的划线方法、加工方法及检测方法。

(2)熟练掌握六边形口盖转位间隙均匀修合方法。

(3)掌握角材 45°对缝间隙修合方法。

(4)掌握板料与角材制孔、锪窝及铆接的技术要求和质量控制。

(5)能够对课件加工要点进行分析并提出质量问题预防措施。

(6)遵守安全操作规定。

内容框架图

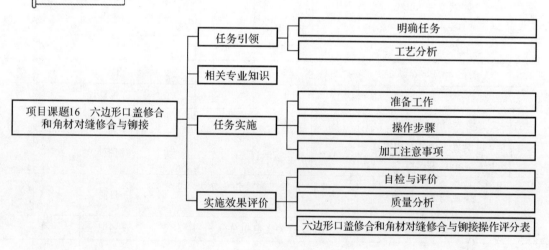

【任务引领】

一、明确任务

1.六边形口盖修合和角材对缝修合与铆接

按照图样(见图 16.1)的要求进行零件加工。

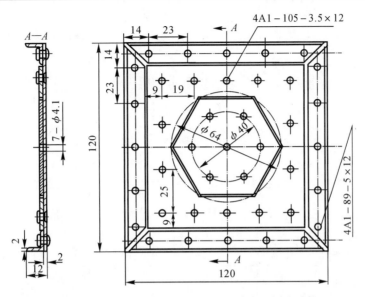

图 16.1　六边形口盖修合和角材对缝修合与铆接零件

2.技术要求

(1)外形尺寸、边距、间距公差为±0.5 mm,口盖尺寸公差为±0.3 mm,孔距公差为±0.3 mm。

(2)口盖与口框修合间隙为 0.3～0.8 mm,要求口盖转位间隙均匀。

(3)角材与角材对缝间隙为 0.2～0.6 mm。

(4)口框与角材修合间隙为 1 mm。

(5)互换孔转位错位误差≤0.3 mm

(6)制孔、锪窝、铆接按照技术文件要求执行。

(7)试板表面无损伤,棱边无毛刺。

3.六边形口盖修合和角材对缝修合与铆接工量刀具清单

六边形口盖修合和角材对缝修合与铆接工量刀具清单见表 16.1。

表 16.1　六边形口盖修合和角材对缝修合与铆接工量刀具清单

六边形口盖修合和角材对缝修合与铆接工量刀具清单	毛坯	材料	数量	图号
	δ2 mm×125 mm×125 mm	2A12T4	1件	MZ16
	δ2 mm×100 mm×100 mm		1件	
	δ2 mm×70 mm×70 mm		1件	
	δ2 mm 角材 L12×125 mm		4件	

序 号	名 称	规 格	数量	序 号	名 称	规 格	数量
1	风钻	Z801	1	11	平锉刀	100 mm	1
2	风钻	Z601	1	12	三角锉	100 mm	1
3	铆枪	M301	1	13	弓形夹		3
4	钻头	ϕ3.6 mm	1	14	顶铁		1

续 表

六边形口盖修合和角材对缝修合与铆接工量刀具清单		毛 坯	材 料	数 量	图 号
		$\delta 2$ mm×125 mm×125 mm	2A12T4	1件	MZ16
		$\delta 2$ mm×100 mm×100 mm		1件	
		$\delta 2$ mm×70 mm×70 mm		1件	
		$\delta 2$ mm 角材 L12×125 mm		4件	

序 号	名 称	规 格	数 量	序 号	名 称	规 格	数 量
5	钻头	$\phi 4.1$ mm	1	15	钢板尺	150 mm	1
6	钻头	$\phi 2.7$ mm	1	16	游标卡尺	150 mm	1
7	钻头	$\phi 8$ mm	1	17	直角尺	125 mm×200 mm	1
8	锪窝钻	$\phi 3.5$ mm×90°	1	18	万能角度尺	320°	1
9	窝头	半圆、平	各1	19	铣轮	$\phi 20$ mm	1
10	平锉刀	200 mm	1	20	快速定位销	$\phi 2.7$ mm	若干
备注	铆工常用工具						

二、工艺分析

1.图纸分析

(1)根据图纸和技术要求明确课题加工内容,包括六边形口盖的修合、角材的对缝修合、板料与角材的对缝修合、标准件的规格和数量。本课题内容比较复杂,综合性较强。

(2)根据图纸上口盖与口框间隙处尺寸标注箭头所指的位置可判定出六边形口盖为基准件。

(3)六边形口盖修合的操作要点以及对称度的检查方法。

(4)确定角材的长度尺寸与45°对缝处角度的加工以及对缝的修合方法。

(5)根据图纸确定正确的加工顺序和方法。

2.口盖与口框在加工中的操作要点与质量控制

(1)口盖在加工中,首先划线要准确,减少误差的产生;其次六边形的对称位置较多,加工时要控制对边尺寸相等、对角尺寸相等、六条边长相等、六个120°相等,只有控制好这些要素才能保证对称性。

(2)六边形口框在加工时,一定要依据口盖加工的实际尺寸进行划线。口框内部形面在加工时难度比较大,因此可以借助口框的外形尺寸帮助监控,同时加工中要不断地用口盖进行试配,保证间隙的均匀性。

(3)口框的外形尺寸要根据底板的实际尺寸和角材的尺寸,以及口框与角材的间隙来计算控制,而且底板与口框在加工中外形的垂直度同样重要,否则会出现扭曲的现象或间隙大小不均匀的情况。

3.角材的加工

角材对缝修合时,长度和45°角尤为关键,首先要将四根角材的长度尺寸 120 mm 加工一致,然后划 45°线切割余料。划线时要注意角材的方向,需要时可以先用铅笔作标识,避免出现方向错误无法对接的情况。角材加工时一定要用万能角度尺监控检查角度,方能保证对缝处的间隙均匀。

【相关专业知识】

(1)口框外形尺寸的计算。已知底板的尺寸为 120 mm×120 mm,角材的尺寸宽为 12 mm,口框与角材的修合间隙为 1 mm,则口框的尺寸应该为 120−12×2−1×2＝94 mm。

(2)口框加工时借助外形尺寸控制内部尺寸(见图 16.2),A 尺寸多点测量且上下两处一致,B 尺寸两处一致,且不断用口盖进行试配检查。

(3)角材 45°位置划线和对缝的加工。角材加工时要先将四根角材的长度尺寸(120 mm)加工一致后进行划线,划线方法有以下两种。

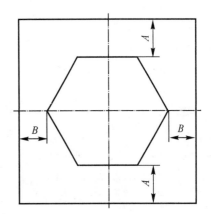

图 16.2　口框加工时借助外形尺寸控制内部尺寸

1)用万能角度尺调整到 45°后,放置到角材的端头划线(见图 16.3)。

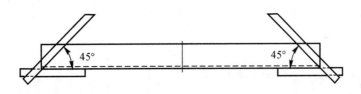

图 16.3　端头划线

2)根据 45°确定是等腰直角三角形,因此可以采用取点连线的方法划线(见图 16.4)。

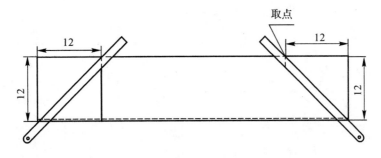

图 16.4　取点连线的方法划线

【任务实施】

一、准备工作

1.试板毛坯

检查毛坯尺寸:$\delta2$ mm×125 mm×125 mm,1 件;$\delta2$ mm×100 mm×100 mm,1 件;$\delta2$ mm×70 mm×70 mm,1 件;$\delta2$ mm 角材 L12,长度 125 mm,4 件。材料:2A12T4。

2.工艺装备

Z601,Z801 风钻;M301 铆枪;顶铁;平窝头;半圆窝头;$\phi3.5$ mm×90°锪窝钻;$\phi2.7$ mm,$\phi3.6$ mm,$\phi4.1$ mm,$\phi8$ mm 钻头;200 mm,100 mm 铝锉刀;100 mm 三角锉;$\phi20$ mm 铣轮;150 mm 钢板尺;200 mm 直角尺;150 mm 游标卡尺;320°万能角度尺;2B 铅笔;$\delta1$ 包装纸若干。

二、操作步骤

1.六边形口盖的加工

(1)在口盖毛坯料上按照图纸划出六边形的轮廓线,要求线条清晰而准确。

(2)用钻排孔的方法去除周边的余料后,粗加工铣削外形,并用万能角度尺监控 120°角度,锉削加工接近外形轮廓线后,检查对边尺寸、对角尺寸,避免产生较大的变形。

(3)将口盖放置在白纸上贴近根部画出轮廓线,转位检查外形的互换性,将有问题的位置进行精加工修整,以达到互换的要求。

2.口框加工

(1)依据图纸尺寸标注将口框的外形尺寸加工到计算后的(94 mm×94 mm)±0.5 mm,四边相互垂直尤为重要。检查后划出对称中心线。将加工好的六边形口盖放置在口框材料上,将口盖的中心线与口框的中心线完全对齐后,用铅笔沿着口盖的外形根部划出轮廓线,并将线条向外侧均匀加粗 0.3 mm,如图 16.5 所示。

(2)用钻排孔的方法去除口框中六边形的余料,再用铣轮铣削口框的内形余料到原始线条,转折处用三角锉锉削清根,然后将口盖放置到口框内试配,达到能较紧配合到口框内并能够较均匀地转位。

(3)用锉削方法去除口框上加粗的线条,直到 0.3 mm 宽度线条全部均匀去除掉,再用口盖检查修合间隙,去除明显高点,达到图纸要求的口盖和口框的配合间隙,并且转位均匀。

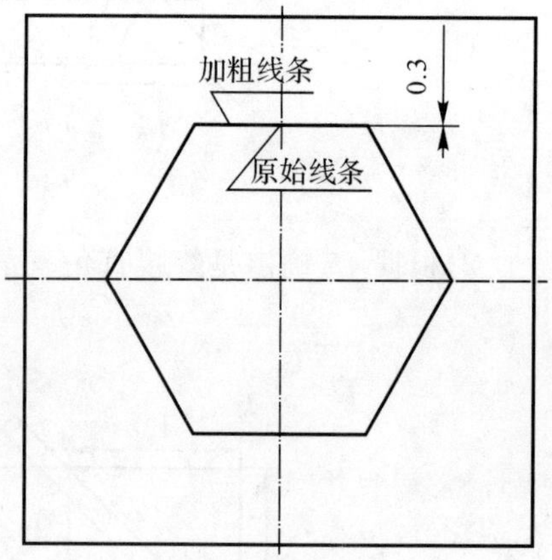

图 16.5　划线

3.底板加工

用铣轮铣削底板料外形,加工到图纸要求的(120 mm×120 mm)±0.5mm,保证外形垂直度为 90°±30′,去除棱边毛刺。

4.角材加工

(1)将角材的长度加工到和底板料的实际尺寸一致。

(2)在角材的两端划 45°角度线,注意角材的角度方向,避免出现逆向。

(3)切割去除角材端头的余料。

(4)锉削 45°斜面,用角材对接试配,并放置在底板上检查外形的尺寸直至协调一致。

5.划线

(1)在角材上根据图样要求划出铆钉孔的边距位置线。

(2)在口框上根据图样要求划出铆钉孔的位置线。

6.制孔、锪窝、铆接

(1)在角材上先用 $\phi2.7$ mm 的钻头钻出导孔后,将角材和底板外形对齐后用弓形夹固定夹紧,用 $\phi3.6$ mm 钻头扩孔、引孔,再将孔口毛刺去除后铆接。注意铆钉钉头的方向不要出错。

(2)其他三个角材钻孔铆接时,注意调整好对缝间隙的大小,以及和底板外形的齐平度,不要出现扭曲的现象。

(3)将口框放入角材内形处,调整好四边的间隙,不合适处在公差范围内进行锉修。加工合格后用弓形夹夹紧固定,再钻孔、锪窝、铆接,达到质量要求。注意铆钉钉头的方向不要出错。

7.互换孔的加工

(1)在口盖上依据图纸要求划出互换孔的孔位线。

(2)用垫纸消隙法固定好口盖在口框中的位置,并用弓形夹固定夹紧。

(3)用 $\phi2.7$ mm 钻头钻出中心位置孔,并旋转检查孔的位置度,通过 $\phi3.6$ mm 和 $\phi4.1$ mm 不断借孔达到要求。

(4)在其他六个孔位处任选一处用 $\phi2.7$ mm 钻头钻孔后,将口盖旋转六个位置,将口盖上的孔引钻到底板上,目的是保证中心孔到周围任何一个孔的距离相等。

(5)从底板上将所有的孔引钻到口盖上,并扩孔至 $\phi4.1$ mm。

(6)去除所有孔口毛刺。

8.外形修整

将加工结束的课件外观进行修整,包括去毛刺、对铆接不合格的铆钉进行分解后重新铆接,并用清洗剂将表面的划线全部清洗干净。

9.检查

依据图样对全部的尺寸要求进行复检。

三、加工注意事项

(1)六边形口盖划线一定要准确,六点连线尽可能减少误差的存在。

(2)在口框料上钻排孔去除余料时,要从转角处向中间钻排孔,避免按顺序钻到转角处余量过大,给后面的加工带来困难。

(3)口框铣削或锉削余料时,要将工具拿稳,特别是转角处不要铣切过多,更不要将折线修成 R 圆弧,根部用三角锉修整。

(4)角材 45°的对缝角度,划线误差要小,锉修时一定要用角度尺控制角度,避免对缝间隙不均匀。

(5)铆接时注意铆钉的钉头方向和位置,不要出现与图纸不符的情况。

(6)铆接时注意对已经铆好的铆钉镦头和钉头的保护,不要出现被虎钳夹伤的现象。

(7)操作者进行每一道工序操作时要有认真、仔细的态度。

【实施效果评价】

一、自检与评价

每位学生完成课题后,按照图样和评分标准认真检测每一项考核指标,对不符合要求的铆钉和超差的尺寸做出自检标记。

二、质量分析

学生针对自己在加工中出现的质量问题做出原因分析,并提出纠正措施,指导教师对全部学生的课件进行检测,并做好检测记录。对于学生在操作过程中普遍存在的操作方法、检测方法、技术安全等方面的问题,分析产生错误的原因,提出纠正措施,避免类似的问题重复发生。

三、六边形口盖修合和角材对缝修合与铆接操作评分表

六边形口盖修合和角材对缝修合与铆接操作评分表见表16.2。

表16.2 六边形口盖修合和角材对缝修合与铆接操作评分表

六边形口盖修合和角材对缝修合与铆接操作评分表		图号 MZ16	考号	总分		
序号	考核要求	配分 T	评分标准			检测工具	检测结果	扣分
			≤T	>T,≤2T	>2T			
1	120 mm±0.5 mm	4	4	0	0	游标卡尺		
2	120 mm±0.5 mm	4	4	0	0	游标卡尺		
3	四边互垂90°±30′	2	2	0	0	直角尺		
4	口盖对角64 mm±0.3 mm(3处)	3	3	0	0	游标卡尺		
5	口盖孔距20 mm±0.3 mm(6处)	6	6	0	0	游标卡尺		
6	边距9 mm±0.5 mm(18处)	4	4	0	0	钢板尺		
7	间距19 mm±0.5 mm(18处)	4	4	0	0	钢板尺		
8	间距25 mm±0.5 mm(6处)	2	2	0	0	钢板尺		
9	边距14 mm±0.5 mm(8处)	2	2	0	0	钢板尺		
10	间距23 mm±0.5 mm(16处)	4	4	0	0	钢板尺		
11	口盖修合间隙0.3~0.8 mm,要求间隙均匀	12	12	0	0	塞尺		
12	角材对缝间隙0.2~0.6 mm,要求间隙均匀	8	8	0	0	塞尺		
13	口框与角材间隙1 mm(4处)	4	4	0	0	塞尺		
14	口盖转位间隙均匀	3	3	0	0	塞尺		
15	钉头质量(34处)	17	17	0	0	钉头量规		
16	镦头质量(34处)	12	17	0	0	镦头量规		
17	互换孔转位错位误差≤0.3 mm(7孔)	5	5	0	0	目测		
18	外形阶差≤0.2 mm	4	4	0	0	目测		

续　表

六边形口盖修合与角材对缝修合与铆接操作评分表		图　号		考　号		总　分		
		MZ16						
序号	考核要求	配分 T	评分标准			检测工具	检测结果	扣分
			$\leqslant T$	$>T,\leqslant 2T$	$>2T$			
19	表面质量		表面划伤、撞伤、机械损伤每处扣 1 分			目测		
20	技术安全与文明生产		违反有关规定扣总分 5～10 分			现场记录		
合　　计			100 分					

检测：　　　　　　　　　　　　　　　　　　　年　　月　　日

【课后思考与练习】

(1)总结六边形口盖修合间隙的方法。

(2)角材 45°对缝修合间隙的方法是什么?

(3)互换孔加工的要点是什么?

(4)如图 16.6 所示,进行腰形口盖修合和角材对缝修合与铆接训练。评分表见表 16.3,技术要求如下：

1)外形尺寸、边距、间距公差为 ±0.5 mm;腰形尺寸为 $R40$ mm,公差为 ±0.5 mm。

2)口盖修合间隙为 0.3～0.8 mm,要求转位均匀。

3)角材对缝间隙为 0.2～0.6 mm,要求间隙均匀。

4)制孔、锪窝、铆接按照技术文件要求执行。

5)互换孔错位误差≤0.3 mm。

6)表面无划伤,棱边无毛刺。

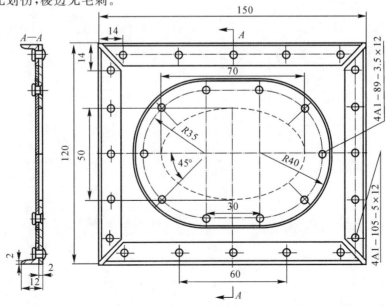

图 16.6　腰形口盖修合和角材对缝修合与铆接训练

表 16.3 腰形口盖修合和角材对缝修合与铆接操作评分表

腰形口盖修合和角材对缝修合与铆接操作评分表		图 号		考 号		总 分		
序号	考核要求	配分 T	评分标准			检测工具	检测结果	扣分
			≤T	>T,≤2T	>2T			
1	(150 mm×120 mm)±0.5 mm	8	8	0	0	游标卡尺		
2	四边互垂90°±30′	2	2	0	0	直角尺		
3	铆钉边距14 mm±0.5 mm(20处)	5	5	0	0	钢板尺		
4	铆钉间距25 mm±0.5 mm(8处)	4	4	0	0	钢板尺		
5	铆钉间距30 mm±0.5 mm(8处)	4	4	0	0	钢板尺		
6	铆钉间距60 mm±0.5 mm	2	2	0	0	钢板尺		
7	底板铆钉定位45°±30′	4	4	0	0	角度尺		
8	底板铆钉定位R35 mm(10处)	3	3	0	0	钢板尺		
9	角材对角配合间隙0.2~0.6 mm(4处)	8	8	0	0	塞尺		
10	口盖尺寸80 mm±0.5 mm,50 mm±0.5 mm	6	6	0	0	钢板尺		
11	口盖与口框修合间隙0.3~0.8 mm	10	10	0	0	塞尺		
12	口盖与口框阶差±0.3 mm	4	4	0	0	塞尺、直尺		
13	铆接钉头质量(30个)	15	15	0	0	钉头量规		
14	铆接镦头质量(30个)	15	15	0	0	镦头量规		
15	夹层间隙≤0.3 mm	5	5	0	0	塞尺		
16	工件表面变形量(平面度)<0.4 mm	5	5	0	0	钢板尺塞尺		
17	外观及未注尺寸	畸形、未加工完等扣总分5~10分 每超差一处扣1分				目测		
18	技术安全与文明生产	违反有关规定扣总分5~10分				现场记录		
合 计		100分						

复核人员	检 测 人 员		
	签 字	检测项目序号	

项目课题 17 曲面口盖修合和角材 对缝修合与铆接

⟨内容提示⟩

项目课题 17 主要讲述曲面口盖修合和角材对缝修合与铆接任务实施工艺分析及材料、操作工量刀具、技术要求、相关专业知识,任务实施准备工作、操作步骤、注意事项及实施效果评价等内容。

⟨教学要求⟩

(1)认真识读图纸,明确试件的结构特点及技术要求。

(2)熟练掌握对称性口盖划线方法及加工技巧。

(3)明确角材角度对缝的型面结构特点。

(4)掌握角材角度对缝间隙修合的方法。

(5)掌握提高角材铆接质量的方法。

(6)掌握防止工件磕伤的方法。

(7)清楚铆接变形产生的原因及预防措施。

(8)遵守安全操作规定。

⟨内容框架图⟩

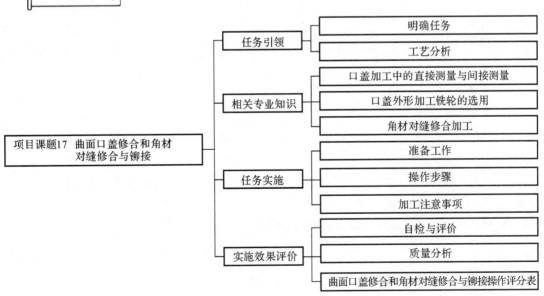

【任务引领】

一、明确任务

1.曲面口盖修合和角材对缝修合与铆接

按照图样(见图17.1)的要求进行零件加工。

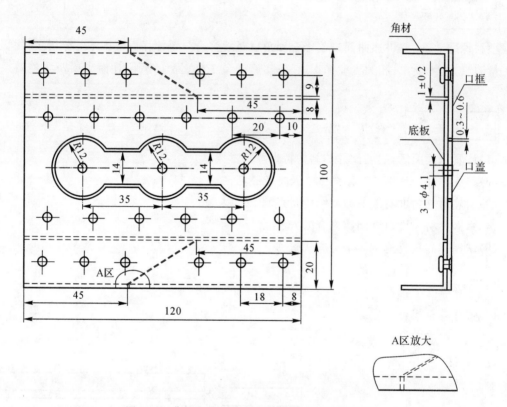

图 17.1　曲面口盖修合和角材对缝修合与铆接零件

2.技术要求

(1)外形尺寸公差为±0.8 mm,铆钉边距、间距公差为±0.5 mm。

(2)口盖尺寸 35 mm,14 mm 的公差为±0.3 mm;圆弧 R12 mm 的公差为±0.3 mm,且过渡圆滑。

(3)角材对缝间隙、底板与角材对缝间隙为 1 mm±0.2 mm,口盖修合间隙为 0.3～0.6 mm,要求口盖翻转间隙均匀。

(4)互换孔 3-ϕ4.1 mm 在口盖翻转时错位误差≤0.1 mm。

(5)角材上铆钉为 4A1-105-3.5×9,底板上铆钉为 4A1-105-4×9。

(6)外形阶差≤0.1 mm。

(7)表面无划伤,棱边无毛刺。

3.曲面口盖修合和角材对缝修合与铆接工量刀具清单

曲面口盖修合和角材对缝修合与铆接工量刀具清单见表17.1。

表 17.1　曲面口盖修合和角材对缝修合与铆接工量刀具清单

曲面口盖修合和角材对缝修合 与铆接工量刀具清单			毛　坯	材　料	数　量	图　号
			$\delta 2$ mm×122 mm×102 mm $\delta 2$ mm×122 mm×60 mm $\delta 2$ mm×96 mm×26 mm $\delta 2$ mm 角材 L20×130 mm	2A12T4	1件 1件 1件 2件	MZ17

序　号	名　称	规　格	数量	序　号	名　称	规　格	数量
1	风钻	Z601	1	15	锯弓	300 mm	1
2	风钻	Z801	1	16	锯条	300 mm	2
3	铆枪	M301	1	17	钻头	$\phi 2.7$ mm	1
4	顶铁		1	18	钻头	$\phi 3.6$ mm	1
5	半圆窝头		1	19	钻头	$\phi 4.1$ mm	1
6	弓形夹		4	20	毛刺锪	$\phi 10$ mm	1
7	铝平锉	250 mm	1	21	钢板尺	150 mm	1
8	平锉刀	150 mm	1	22	直角尺	125 mm×200 mm	1
9	半圆锉	200 mm	1	23	游标卡尺	0～150 mm	1
10	三角锉	150 mm	1	24	半径规	$R7\sim R14$ mm	1
11	圆锉	250 mm	1	25	快速定位销	$\phi 2.7$ mm	10
12	什锦锉	$\phi 5$ mm× 200 mm×10 支	1 套	26	铣轮	$\phi 20$ mm	1
13	锪窝钻	$\phi 3.5$ mm×90°	1	27	铣轮	$\phi 10$ mm	1
14	锪窝钻	$\phi 4$ mm×90°	1				
备注	铆工常用工具						

二、工艺分析

1.底板的外形加工

底板外形的尺寸是在角材装配后,结合间隙的大小最后确定的,因此在加工中,需要先加工出三个面。底板的长度尺寸与已加工好的口框长度尺寸一致,而宽度尺寸先加工出一个面,保证此面与两个临边垂直即可。最后一个 58 mm 尺寸的面在角材装配在口框上后,在保证间隙的情况下确定最后尺寸。如果之前就把尺寸加工至 58 mm,那么最后出现间隙不合适还需要再加工,这样会出现重复加工,还浪费时间。底板外形加工的方法如图 17.2 所示。

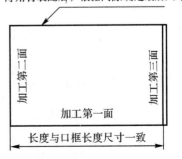

图 17.2　底板外形加工的方法

2.基准件口盖的加工难度及解决方法

口盖是完全互换的基准件,由三个曲面和两个平行面组成,加工时相对于中心的对称比较难保证。经过工艺分析,从外形尺寸的加工开始就要考虑对称性,由于试件的曲面有八处都和外形存在切点位置,也就是这八处切点能有效地控制三处曲面的位置不发生错位,而且两处平形平面也可以借助外形平面控制尺寸 19 mm 的均匀性达到控制平行度和对称度。因此,基准件外形的加工和划线的准确性至关重要。口盖外形与切点位置及间接测量如图 17.3 所示。

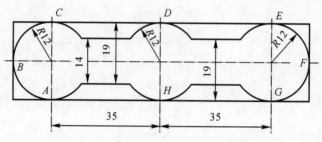

图 17.3　口盖外形与切点位置及间接测量

3.角材对缝面的工艺分析与加工方法

(1)根据图纸结构,角材对缝没有角度要求,只有尺寸要求的修合。

(2)角材的结构在直角处有加强实体,因此此处的对缝不是纯斜面的对缝,在直角处有转折点。

(3)加工角材的方法有两种:其一是先以一端为基准划线、切割、加工,然后修合对缝间隙,达到要求后,再确定总长度尺寸(120 mm);其二是根据毛坯的总长,两边均匀分配余量后分割材料,修合间隙合格后,再去除两边余料,达到长度要求。

(4)本试板有对称两处角材对缝修合,加工时一定要注意方向,避免出现两端角材对缝反向,完全与图纸不符,造成试板报废现象。角材对缝处分析与划线加工如图 17.4 所示。

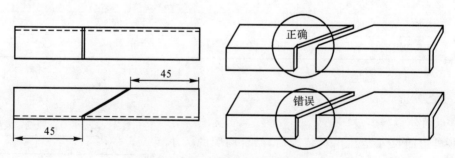

图 17.4　角材对缝处分析与划线加工

【相关专业知识】

一、口盖加工中的直接测量与间接测量

基准件口盖加工过程中,三处曲面有八个位置是与外形有切点的,因此测量尺寸时采用直接测量的方法,一是测量球形曲面直径尺寸(24 mm),尤其是两端的球形曲面,有左右互换性,测量时要保证尺寸均匀一致;二是测量半径尺寸(12 mm),防止轮廓曲面相对中心出现位置偏

移。对于两处平行平面加工时先去除单边的余量,测量控制尺寸 19 mm 均匀一致后,再去除另一边余量,测量尺寸 14 mm 合格,这种间接测量方法既能保证尺寸合格,又能保证对称度合格。口盖外形加工平行平面处间接测量如图 17.5 所示。

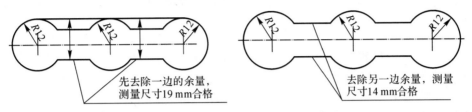

图 17.5　口盖外形加工平行平面处间接测量

二、口盖外形加工铣轮的选用

口盖外曲面加工常用的铣削工具是铣轮,在铣削加工时根据加工范围的大小选用合适尺寸的铣轮。本试板圆弧曲面铣削时,对于比较开敞的位置选用直径为 $\phi20$ mm 的铣轮,而临近曲面与平面相交处的位置,范围不够开敞且容易铣伤平面,选用直径为 $\phi10$ mm 的铣轮进行加工。如果采用锉削加工曲面的方法,锉刀接触面积大,位置不准确,容易扩大锉削范围,不便控制。口盖曲面外形铣轮铣削的位置如图 17.6 所示。

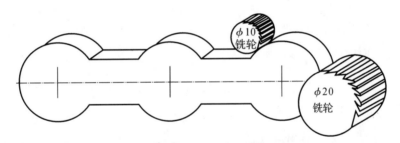

图 17.6　口盖曲面外形铣轮铣削的位置

三、角材对缝修合加工

角材用锯弓分割后采用的是锉削加工,此处先采用三角锉锉削 45 mm 尺寸处的台阶面,三角锉既能将台阶处与斜面的根部位置确定,又不会锉伤斜面。锉削时将锉刀端平,保证台阶面与角材外形面垂直后,再锉削加工斜面,只需要控制长斜面平直即可。然后锉削加工右件,此处使用平锉刀锉削加工,使加工面与左件加工面间隙达到图纸要求(1 mm±0.2 mm)。最后在左、右件上量取划出 45 mm 尺寸位置线,去除余量,锉削加工长度与口框长度尺寸(120 mm)一致。角材对缝修合加工如图 17.7 所示。

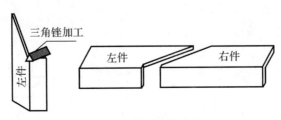

图 17.7　角材对缝修合加工

【任务实施】

一、准备工作

1.试板毛坯

检查毛坯尺寸：板料δ2 mm×122 mm×102 mm，δ2 mm×122 mm×60 mm，δ2 mm×96 mm×26 mm；δ2 mm角材L20×130 mm。材料：2A12T4。数量：板料各1件，角材2件。

2.工艺装备

Z601，Z801风钻；M301铆枪；顶把；φ3.5 mm，φ4 mm半圆窝头；φ3.5 mm×90°，φ4 mm×90°锪窝钻；φ2.7 mm，φ3.6 mm，φ4.1 mm钻头；250 mm铝平锉；150 mm平锉；200 mm半圆锉；250 mm圆锉；什锦锉；φ20 mm，φ10 mm铣轮；φ10 mm毛刺锪；弓形夹；φ2.7 mm定位销；150 mm钢板尺；200 mm×125 mm直角尺；150 mm游标卡尺；R7~R14 mm半径规；圆规；划针；2B铅笔；包装纸若干。

二、操作步骤

1.板材外形的加工

(1)将口框毛坯(122 mm×102 mm)外形加工至图纸要求尺寸(120 mm×100 mm)，保证四边垂直度公差90°±30′合格。

(2)底板加工，根据口框实际长度尺寸(120 mm)加工底板长度，使尺寸一致。再加工60 mm的一条边，使三边互相垂直，第四边待加工。

(3)去除加工面的棱边毛刺。

2.基准件口盖的加工

(1)依据图纸将口盖毛坯材料外形加工至尺寸(94 mm×24 mm)±0.3 mm，且四边垂直。

(2)划线：划出口盖实际外形轮廓线，此处划线在确定好界限时最好用划规、划针划线，确保尺寸准确，八个切点与外形相对位置相切，不出现偏位现象。划线时表面不要出现多余划痕。再划出3-φ4.1 mm互换孔位置线，注意孔距尺寸35 mm位置准确，并在两处位置"打点"。

(3)钻排孔去除单边平面处余料。注意曲面与平面交点处钻头的选用。

(4)锉削加工：先将四处根部清根后用平面什锦锉锉削加工两处平面，控制尺寸19 mm合格均匀。

(5)同样方法加工另一边，保证尺寸14 mm合格，同时校对测量四处平面相对于中心位置的对称性合格。

(6)铣轮铣削加工所有曲面位置余量，注意切点位置不要铣削过线，同时铣削时注意夹持位置的调整，防止试件受振动产生位移。曲面铣削过渡圆滑，尺寸合格。

(7)检查口盖的对称性。对不均匀处间隙进行修整。

(8)去除所有加工面的棱边毛刺。

3.角材的加工(两件同时加工)

(1)将角材毛坯中间进行分割，两端留有余量，如图17.8所示。

(2)锉削加工角材对缝间隙，保证间隙尺寸1 mm±

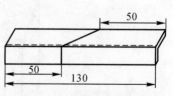

图17.8　角材分割划线

0.2 mm 合格,去毛刺。

(3)依据对缝划长度尺寸线。

(4)去除长度余量后,锉削加工外形,保证尺寸 45 mm 合格,外形长度与口框长度尺寸一致。

4.口框加工

(1)在外形已加工好的口框材料上划出对称中心线,将口盖放在口框上,使中心线与口框的中心线重合,用划针贴近口盖根部在口框上划出轮廓线。

(2)钻排孔去除口框中间的余料。

(3)先用半圆锉将口框内去除余料产生的尖端型面锉削去除,然后用 ϕ20 mm 铣轮进行内部曲面铣削加工(由于铣轮的直径与内曲面直径值差小,有钻削尖端存在,铣轮铣削容易卡在铣轮齿槽,产生较大抖动会伤及型面)。铣削时注意转动零件铣削位置,防止铣轮振动磕伤零件。

(4)试配检查间隙。用口盖试配时一定要使口盖与口框的中心线对齐,观察间隙进行修合,防止口盖出现位置偏位的情况。由于口盖配合有翻转互换性要求,所以修合后间隙要达到 0.3~0.6 mm 的要求。

(5)去除内形面所有加工棱边毛刺。

5.划线

划出角材上所有铆钉孔位置线,并钻导孔 ϕ2.7 mm,去除孔口毛刺。

6.角材的安装与铆接

(1)将一端角材与口框定位安装,安装时角材外形与口框外形对齐,角材对缝间隙合格,用弓形夹夹持。

(2)引钻 ϕ2.7 mm 导孔,并用快速定位销拉紧。

(3)依据图纸要求进行扩孔、锪窝、铆接。操作时,为防止顶把将角材另一面内部磕伤,可在角材上黏贴纸胶带做表面保护。

(4)另一端角材安装方法一致。铆接时注意试板的夹持,必须兼顾铆接时试板夹持的稳定性,避免出现试板铆接变形的现象。

(5)检查铆接质量,达到技术要求。

7.底板加工

(1)根据角材铆接后口框中间的实测尺寸,以及对缝间隙 1 mm±0.2 mm 的尺寸要求,确定最后底板宽度尺寸后,进行加工,满足配合间隙要求。

(2)在底板上依据图纸划出所有孔位线,并钻导孔 ϕ2.7 mm。

(3)去除棱边及孔口毛刺。

8.底板的安装铆接

(1)将底板与口框定位安装,控制好板材与底板的间隙合格后,用弓形夹夹紧。

(2)引钻导孔,按图纸要求扩孔、锪窝、铆接。注意锪窝的方向,达到铆接质量。

9.互换孔的加工

内容略。

10.外形修整

将加工结束的课件外观进行修整,锉修角材与口框铆接后外形的阶差,去除毛刺,最后用清洗剂将试板表面擦拭干净。

11.检查

依据图纸对课件所有加工尺寸进行复查。

三、加工注意事项

(1)图纸分析考虑要全面,加工方法与工具的选用要合理。

(2)底板加工不能根据理论数据确定尺寸,造成重复加工工序。

(3)口盖加工特别容易出现不对称的情况,因此选用合理加工方法很重要。

(4)用铣轮铣削口盖外形曲面时,由于试件比较小,所以夹持一定要牢靠,防止铣削时试件窜动。

(5)口框内形面加工时,平面与曲面相交处尖角棱线要清晰可见,铣削时刀具控制要稳,防止出现棱线变成圆弧的现象。

(6)口盖与口框间隙修合时,铣削加工要慢,余量逐步去除,多检测少铣削,防止出现较大间隙。

(7)角材对缝修合加工中,切不可直接将角材长度加工到 120 mm,致使无法进行分割。

(8)角材对缝修合加工中,锉削位置要准确,台阶处棱线要清晰,加工面无论是直面还是斜面都要保证平直,不能出现曲面。

(9)角材划对缝线时,一定要注意方向位置,避免出现与图纸不符的情况。

(10)角材与口框铆接时,试板夹持要稳固,避免出现铆接变形或者角材翘角的情况。

(11)铆接时,一定要做好试板表面保护,防止出现磕伤的情况。

【实施效果评价】

一、自检与评价

每位学生完成课题后,按照图样和评分标准认真检测每一项考核指标,对不符合要求的铆钉和超差的尺寸做出自检标记。

二、质量分析

学生针对自己在加工中出现的质量问题做出原因分析,并提出纠正措施,指导教师对全部学生的课件进行检测,并做好检测记录。对于学生在操作过操中普遍存在的操作方法、检测方法、技术安全等方面的问题,分析产生错误的原因,提出纠正措施,避免类似的问题重复发生。

三、曲面口盖修合和角材对缝修合与铆接操作评分表

曲面口盖修合和角材对缝修合与铆接操作评分表见表 17.2。

表 17.2　曲面口盖修合和角材对缝修合与铆接操作评分表

曲面口盖修合和角材对缝修合与铆接操作评分表		图　号		考　号		总　分	
		MZ17					
序号	考核要求	配分 T	评分标准			检测工具	检测结果
			$\leq T$	$>T,\leq 2T$	$>2T$		扣分
1	(120 mm×100 mm)±0.8 mm	6	6	0	0	钢板尺	
2	四边垂直 90°±30′	2	2	0	0	直角尺	

续　表

曲面口盖修合和角材对缝修合与铆接 操作评分表		图　号	考　号	总　分		
		MZ17				
序号	考核要求	配分 T	评分标准		检测工具	检测 结果	扣分
			≤T	>T,≤2T	>2T			
3	口盖孔距 35 mm±0.3 mm （2 处）	4	4	0	0	游标卡尺		
4	口盖 14 mm±0.3 mm（2 处）	4	4	0	0	游标卡尺		
5	口盖 R12 mm±0.3 mm， 圆弧过渡圆滑	6	6	0	0	游标卡尺、 半径规		
6	型材长度 45 mm±0.3 mm （2 处）	4	4	0	0	游标卡尺		
7	铆钉边距 8 mm±0.5 mm （16 处）	8	8	0	0	钢板尺		
8	铆钉边距 9 mm±0.5 mm （12 处）	4	4	0	0	钢板尺		
9	铆钉间距 18 mm±0.5 mm （8 处）	2	2	0	0	钢板尺		
10	铆钉间距 20 mm±0.5 mm （10 处）	3	3	0	0	钢板尺		
11	口盖修合间隙 0.3～0.6 mm	8	8	0	0	塞尺		
12	型材对缝修合间隙 1 mm±0.2 mm	6	6	0	0	塞尺		
13	型材与底板对缝间隙 1 mm±0.2 mm	6	6	0	0	塞尺		
14	技术要求 4（3 孔）	6	6	0	0	标准销		
15	口盖翻转间隙均匀	4	4	0	0	塞尺		
16	铆接钉头质量（24 个）	12	12	0	0	钉头量规		
17	铆接镦头质量（24 个）	12	12	0	0	镦头量规		
18	外形阶差≤0.1 mm	3	3	0	0	钢板尺		
19	表面质量	表面划伤、撞伤、机械损伤每处扣 1 分			目测		
20	技术安全与文明生产	违反有关规定扣总分 5～10 分			现场记录		
合　　计		100 分					

检测：　　　　　　　　　　　　　年　　月　　日

【课后思考与练习】

(1)角材对缝修合加工技巧是什么？

(2)对称性口盖间隙修合的操作和测量的关键是什么？

(3)本课题在加工中容易忽视的问题有哪些？如何控制？

(4)如图 17.9 所示，进行异形口盖修合和角材对缝修合与铆接训练，评分表见表 17.3，技术要求如下：

1)外形尺寸公差为±0.8 mm，铆钉边距、间距公差为±0.5 mm。

2)口盖尺寸 35 mm，14 mm 的公差为±0.3 mm；圆弧 R12 mm 的公差为±0.3 mm，且过渡圆滑；角材尺寸 50 mm 的公差为±0.3 mm，角度为 45°±10′。

3)角材对缝间隙、底板与角材对缝间隙为 1 mm±0.2 mm，口盖修合间隙为 0.3～0.6 mm，要求口盖翻转间隙均匀。

4)互换孔 3-φ4.1 mm 在口盖翻转时错位误差≤0.1 mm。

5)角材上铆钉为 4A1-89-4×9，底板上铆钉为 4A1-114-3.5×9。

6)外形阶差≤0.1 mm。

7)表面无划伤，棱边无毛刺。

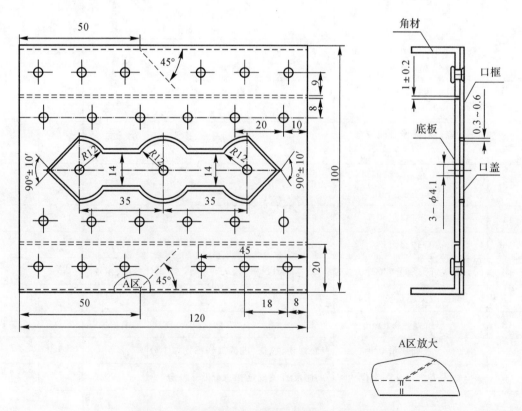

图 17.9　异形口盖修合和角材对缝修合与铆接训练

表 17.3　异形口盖修合和角材对缝修合与铆接操作评分表

异形口盖修合和角材对缝修合与铆接操作评分表		图　号	考　号	总　分		
序号	考核要求	配分 T	评分标准			检测工具	检测结果	扣分

序号	考核要求	配分 T	≤T	>T,≤2T	>2T	检测工具	检测结果	扣分
1	(120 mm×100 mm)±0.8 mm	6	6	0	0	钢板尺		
2	四边垂直90°±30′	2	2	0	0	直角尺		
3	口盖孔距 35 mm±0.3 mm（2 处）	2	2	0	0	游标卡尺		
4	口盖 14 mm±0.3 mm(2 处)	4	4	0	0	游标卡尺		
5	口盖 R12 mm±0.3 mm，圆弧过渡圆滑	6	6	0	0	游标卡尺、半径规		
6	口盖角度90°±10′(2 处)	4	4	0	0	直角尺		
7	角材长度 50 mm±0.3 mm（2 处）	4	4	0	0	游标卡尺		
8	角材角度45°±10′(2 处)	2	2	0	0	直角尺		
9	铆钉边距 8 mm±0.5 mm（16 处）	8	8	0	0	钢板尺		
10	铆钉边距 9 mm±0.5 mm（12 处）	2	2	0	0	钢板尺		
11	铆钉间距 18 mm±0.5 mm（8 处）	2	2	0	0	钢板尺		
12	铆钉间距 20 mm±0.5 mm（10 处）	3	3	0	0	钢板尺		
13	口盖修合间隙 0.3～0.6 mm	8	8	0	0	塞尺		
14	型材对缝修合间隙 1 mm±0.2 mm	6	6	0	0	塞尺		
15	型材与底板对缝间隙 1 mm±0.2 mm	6	6	0	0	塞尺		
16	技术要求 4(3 孔)	6	6	0	0	标准销		
17	口盖翻转间隙均匀	4	4	0	0	塞尺		
18	铆接钉头质量(24 个)	12	12	0	0	钉头量规		
19	铆接镦头质量(24 个)	10	10	0	0	镦头量规		
20	外形阶差≤0.1mm	3	3	0	0	钢板尺		

续 表

异形口盖修合和角材对缝修合与铆接操作评分表		图 号	考 号	总 分		
序号	考核要求	配分 T	评分标准		检测工具	检测结果	扣分
			≤T	>T,≤2T	>2T			
21	表面质量	表面划伤、撞伤、机械损伤每处扣1分			目测		
22	技术安全与文明生产	违反有关规定扣总分5~10分			现场记录		
合　计		100分					

复核人员	检 测 人 员			
	签　字	检测项目序号		

项目课题 18　复杂口盖修合与铆接

项目课题 18 主要讲述复杂口盖修合与铆接任务实施工艺分析及材料、操作工量刀具、技术要求、相关专业知识,任务实施准备工作、操作步骤、注意事项及实施效果评价等内容。

　教学要求　

(1)掌握复杂修合课题图纸的分析能力以及加工顺序的确定。

(2)掌握圆形口盖对缝间隙以及口盖与口框间隙均匀修合方法。

(3)掌握正方形口盖 45°位置间隙修合方法。

(4)熟练掌握厚薄材料铆接的技术要点。

(5)能够对课件加工要点进行分析并提出质量问题预防措施。

(6)遵守安全操作规定。

　内容框架图　

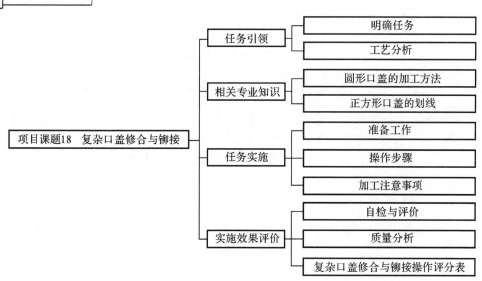

【任务引领】

一、明确任务

1.复杂口盖修合与铆接

按照图样(见图 18.1)的要求进行零件加工。

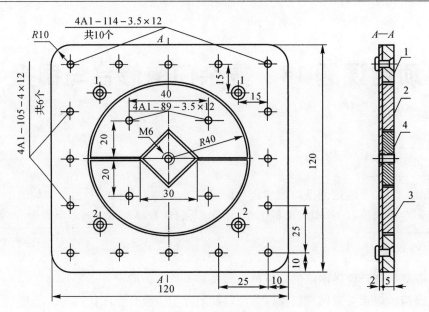

图 18.1 复杂口盖修合与铆接零件

2.技术要求

(1)外形尺寸、边距、间距公差为±0.5 mm;口盖尺寸 R40 mm,30 mm 的公差为±0.5 mm;孔距为 40 mm,20 mm 的公差为±0.5 mm。

(2)圆形口盖与口框修合间隙为 0.3~0.8 mm,要求间隙均匀。

(3)正方形口盖与圆形口框修合间隙为 0.3~0.6 mm,要求转位间隙均匀。

(4)两个半圆形对缝间隙为 0.3~0.6 mm,要求间隙均匀。

(5)图中标识 1 为 $\phi 4$ mm×90°制孔、锪窝、不铆接;标识 2 为 $\phi 3.5$ mm×120°铆接后分解铆钉。

(6)制孔、锪窝、铆接按照技术文件要求执行。

(7)试板表面无损伤,棱边无毛刺。

3.复杂口盖修合与铆接工量刀具清单

复杂口盖修合与铆接工量刀具清单见表 18.1。

表 18.1 复杂口盖修合与铆接工量刀具清单

复杂口盖修合与铆接工量刀具清单	毛坯	材料	数量	图号
	$\delta 5$ mm×125 mm×125 mm	2A12T4	1件	MZ18
	$\delta 5$ mm×$\phi 85$ mm		1件	
	$\delta 5$ mm×35 mm×35 mm		1件	
	$\delta 2$ mm×125 mm×125 mm		1件	

序号	名称	规格	数量	序号	名称	规格	数量
1	风钻	Z801	1	13	平锉刀	200 mm	1
2	风钻	Z601	1	14	平锉刀	100 mm	1
3	铆枪	M301	1	15	半圆锉	200 mm	1
4	钻头	$\phi 3.6$ mm	1	16	弓形夹		3

续 表

复杂口盖修合与铆接 工量刀具清单		毛　坯	材　料	数量	图号
		δ5 mm×125 mm×125 mm	2A12T4	1件	MZ18
		δ5 mm×φ85 mm		1件	
		δ5 mm×35 mm×35 mm		1件	
		δ2 mm×125 mm×125 mm		1件	

5	钻头	φ4.1 mm	1	17	顶铁		1
6	钻头	φ2.7 mm	1	18	钢板尺	150 mm	1
7	钻头	φ5 mm	1	19	游标卡尺	150 mm	1
8	钻头	φ8 mm	1	20	直角尺	125 mm×200 mm	1
9	丝锥	M6	1 副	21	半径规	R7～R14.5 mm	1
10	锪窝钻	φ3.5 mm×120°	1	22	铣轮	φ20 mm	1
11	锪窝钻	φ4 mm×90°	1	23	快速定位销	φ2.7 mm	若干
12	窝头	半圆、平	各1	24	垂直钻套	φ2.7 mm	2个
备注	铆工常用工具						

二、工艺分析

1.图纸分析

(1)根据图纸和技术要求明确本课题为双重的口盖修合和对缝修合加工,其中包括两个 1/2 圆的对缝间隙修合、对接圆与口框的间隙修合、正方形口盖与对接圆的间隙修合。而且所有修合件都是厚 δ5 mm 的板料,加工难度较大。图中还有两项基本技能的训练:其一,制孔、锪窝、不铆接处,考核锪窝的深浅质量标准的掌握情况;其二,两处铆接后分解铆钉的训练,考核分解铆钉的操作方法和质量标准的撑握情况。同时熟悉图中紧固件的规格、数量。本课题内容比较复杂,综合性很强。

(2)根据图中正方形口盖与圆形口框的位置标注,确定正方形口盖为第一基准件。

(3)根据图纸上两个半圆形口盖与口框间隙处尺寸标注位置,确定两个半圆形口盖为第二基准件。

(4)两个半圆在加工时既要考虑对缝间隙又要考虑加工后成为整圆,难度较大。

(5)通过图纸分析确定正确的加工顺序和方法。

2.两个半圆形口盖的加工方法

两个半圆形口盖在加工时,既要保证外圆曲面加工时便于尺寸测量,又要保证从中心对半分开时不影响整个圆的形状。因此在划线时就不能直接将整个 φ80 mm 的圆划出,而是划出两条间距为 2 mm 的中心线和两个 R40 mm 的半圆。这样在加工时,分别以各自的中心点测量到圆周的尺寸 40 mm,可确保曲面过渡圆滑。而后从中心处将圆从间距 2 mm 处锯割开,将锯割面锉修平整后修整均匀间隙为 0.3～0.6 mm,用 0.5 mm 锯条夹在中间测量圆直径,符合要求即可,如图 18.2 所示。

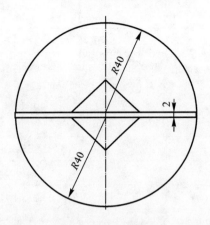

图 18.2　两个半圆形口盖的加工方法

3.正方形口盖加工方法

从图纸上看正方形口盖比较简单,但是正方形的对边尺寸相符时,邻边垂直度就是加工中的重点。尤其是口盖尺寸较小,测量时的垂直度必须保证在 6′ 之内,避免出现平行四边形或者梯形的现象,如图 18.3 所示。

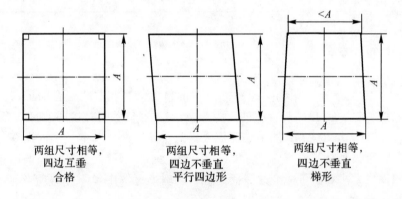

图 18.3　正方形口盖加工方法

4.铆接

两个半圆形口盖在口框中铆接时,先采用垫纸消隙法消除周围的间隙,同时,用锯条片夹在两半圆中间,且锯条片与口框的中心线在同一条线上,防止圆形口盖在口框中间转动。最后采用弓形夹夹紧定位,确认没有问题后再进行钻孔、锪窝、铆接。

【相关专业知识】

一、圆形口盖的加工方法

圆形口盖在加工时,由于是曲面锉削,因此可以先用铣轮粗加工,铣削去除外轮廓的大余量。操作时铣轮要把握稳定,不能出现局部铣削出下陷的情况。当接近原始线条时,采用平锉刀顺着圆弧曲面锉削,保证多度圆弧,不出现死点。注意,中间 2 mm 间距处体现在外圆上是两个 2 mm 宽的小平面,不要锉削成曲面。

二、正方形口盖的划线

正方形口盖在图纸上给出的是对角尺寸 30 mm,划线有以下两种方法:

(1)在毛坯料上划出两条垂直线,再分别量出四个 15 mm 位置点,连线即可。此种方法的关键是垂直线一定不能出现误差,否则加工后将成为平行四边形,如图 18.4 所示。

(2)根据图纸可以计算出正方形的边长为 $30\sqrt{2}/2=21.21$ mm。因此,在毛坯料上先加工出一组垂直面作为基准,然后划出 21.21 mm 的平行线,去除周边余量后,锉修到尺寸,检测好四边互垂即可,如图 18.5 所示。

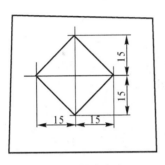

图 18.4　划线方法 1

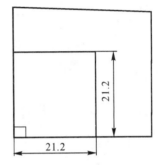

图 18.5　划线方法 2

【任务实施】

一、准备工作

1.试板毛坯

检查毛坯尺寸:$\delta2$ mm×125 mm×125 mm,1 件;$\delta5$ mm×125 mm×125 mm,1 件;$\delta5$ mm×$\phi85$ mm,1 件;$\delta5$ mm×35 mm×35 mm,1 件。材料:2A12T4。

2.工艺装备

Z601,Z801 风钻;M301 铆枪;顶铁;平窝头;半圆窝头;$\phi3.5$ mm×120°,$\phi4$ mm×90°锪窝钻;$\phi2.7$ mm,$\phi3.6$ mm,$\phi4.1$ mm,$\phi5$ mm,$\phi8$ mm 钻头;$\phi2.7$ mm 垂直钻套;M6 丝锥;200 mm,100 mm 铝锉刀;200 mm 半圆锉;$\phi20$ mm 铣轮;150 mm 钢板尺;200 mm 直角尺;150 mm 游标卡尺;2B 铅笔;$\delta1$ 包装纸若干。

二、操作步骤

1.正方形口盖的加工

(1)在口盖毛坯料上锉削出一组垂直基准面。

(2)依据图纸计算出正方形的边长为 21.2 mm,从基准划平行线,保证尺寸准确。

(3)去除周边余料,锉削外形,保证正方形四边互垂,对角尺寸为 30 mm±0.3 mm。

2.两半圆形口框(口盖)的加工

(1)在 $\phi85$ mm 圆形毛坯料上按照工艺分析的方法划出口盖上圆形线、中间 2 mm 间距线,以及正方形的内形线。

(2)钻排孔去除余料后,铣轮粗加工铣削外形轮廓余料,当接近尺寸线时,用锉刀锉修达到尺寸要求,并检测 $R40$ mm 是否符合要求,且圆弧过渡圆滑。

(3)用锯弓将圆形口盖从中心部分锯割成两部分,不能超过 2 mm 间距线。

(4)锉削锯割面,控制对接面平面度,同时用 0.5 mm 锯条夹持在中间监测外圆直径(80 mm),多点测量直至符合要求。

(5)锯割两半圆口盖内形三角面,注意不要锯伤已加工好的对接面。

(6)锉削内形面,不断用正方形口盖检测间隙,保证正方形口盖转位间隙均匀。

3.圆形口框的加工

(1)铣削或锉削加工圆形口框外形尺寸至(120 mm×120 mm)±0.5 mm,保证外形垂直度为 $90°±30'$,去除棱边毛刺。

(2)划出对称中心线以及圆形线,并向外加粗线条,使直径达到 $\phi81$ mm。

(3)钻排孔去除余料,并用铣轮粗加工铣削到原始线条,保持留出线条粗细均匀,孔径达到 $\phi80$ mm。

(4)锉削或微量铣削加粗线条,直到内径达到 $\phi81$ mm,并不断用圆形口盖试配检查,直到满足要求。

4.底板加工

用铣轮铣削底板料外形,加工到图纸要求的(120 mm×120 mm)±0.5mm,保证外形垂直度为 $90°±30'$,去除棱边毛刺。

5.划线

在圆形口框和两半圆形口盖上依据图纸划出所有铆钉孔位线。

6.制孔、锪窝、铆接

(1)在圆形口框上借用垂直钻套钻出 $\phi2.7$ mm 的导孔后,将口框和底板外形对齐后用弓形夹固定夹紧,用 $\phi3.6$ mm,$\phi4.1$ mm 的钻头扩孔、引孔,再将孔口毛刺去除后铆接。注意铆钉位置不要出错。

(2)按照图纸上的要求,将标识 1 的两个位置进行制孔、锪窝训练,并用铆钉检查;将标识 2 的两个位置进行铆接后,分解铆钉。

(3)将两半圆口盖中间夹上锯条片后垫入一定厚度(取决于间隙的大小)的纸放入圆形口框内,用弓形夹夹紧后,制孔。

(4)松开弓形夹,取出垫纸,去除孔口毛刺后,重新组装再进行铆接,达到图纸要求。

7.螺纹孔的加工

(1)将正方形口盖垫纸后放入圆形口框内,用 $\phi2.7$ mm 钻头钻出导孔。

(2)用 $\phi5$ mm 钻头扩孔,并用 $\phi8$ mm 钻头进行孔口倒角 $1.5×45°$。

(3)去除垫纸,重新定位后,用弓形夹夹紧,用 M6 丝锥进行螺纹孔加工。

8.圆角加工

四角分别划线 $R10$ mm,并锉修,保证过渡圆滑。

9.外形修整

将加工结束的课件外观进行修整,包括去毛刺、对铆接不合格的铆钉进行分解后重新铆接,并用清洗剂将表面的划线全部清洗干净。

10.检查

依据图样对全部的尺寸要求进行复检。

三、加工注意事项

(1)两半圆形口盖划线一定要准确,2 mm 间距不能忽视。

(2)在圆形口框料上钻排孔去除余料时,由于材料较厚,因此要将风钻拿垂直,并尽可能使孔孔相切,避免出现倾斜面的情况。

(3)两半圆形外形轮廓加工时,一定要借助半径尺寸 40 mm 监控外圆的轮廓使之过渡圆滑,而且两半圆形是完全一致的两部分,不能出现大小不一的现象。

(4)两半圆形内形面加工时,内角 90°可以用直角尺的直角部分检测监控,尤其是根部要清根,不能锉修成 R 形状。

(5)钻孔、锪窝、铆接时注意材料的厚度不同,钻孔的方向一定是从厚材料向薄材料加工,否则薄材料孔口会出现椭圆或孔径扩大的现象。

(6)铆接时注意对已经铆好的铆钉镦头和钉头的保护,不要出现被虎钳夹伤的现象。

(7)操作者进行每一道工序操作时要有认真、仔细的态度。

【实施效果评价】

一、自检与评价

每位学生完成课题后,按照图样和评分标准认真检测每一项考核指标,对不符合要求的铆钉和超差的尺寸做出自检标记。

二、质量分析

学生针对自己在加工中出现的质量问题做出原因分析,并提出纠正措施,指导教师对全部学生的课件进行检测,并做好检测记录。对于学生在操作过程中普遍存在的操作方法、检测方法、技术安全等方面的问题,分析产生错误的原因,提出纠正措施,避免类似的问题重复发生。

三、复杂口盖修合与铆接操作评分表

复杂口盖修合与铆接操作评分表见表 18.2。

表 18.2 复杂口盖修合与铆接操作评分表

复杂口盖修合与铆接操作评分表		图 号		考 号		总 分		
		MZ18						
序号	考核要求	配分 T	评分标准			检测工具	检测结果	扣分
			$\leqslant T$	$>T,\leqslant 2T$	$>2T$			
1	(120 mm×120 mm)± 0.5 mm	4	4	0	0	游标卡尺		
2	四边互垂 90°±30′	2	2	0	0	直角尺		
3	4-R10 mm 过渡圆滑	2	2	0	0	半径规		
4	2,3 号件 R40 mm±0.5 mm	6	6	0	0	钢板尺		

续 表

复杂口盖修合与铆接操作评分表		图 号	考 号	总 分		
		MZ18				

序号	考核要求	配分 T	评分标准			检测工具	检测结果	扣分
			≤T	>T,≤2T	>2T			
5	4 号件 30 mm±0.5 mm(2 处)	4	4	0	0	游标卡尺		
6	孔距 40 mm±0.5 mm(2 处)	2	2	0	0	钢板尺		
7	孔边距 20 mm±0.5 mm(4 处)	4	4	0	0	钢板尺		
8	铆钉边距 10 mm±0.5 mm(20 处)	5	5	0	0	钢板尺		
9	铆钉间距 25 mm±0.5 mm(16 处)	4	4	0	0	钢板尺		
10	铆钉间距 15 mm±0.5 mm(8 处)	2	2	0	0	钢板尺		
11	M6 螺纹孔	3	3	0	0	螺纹塞规		
12	件 1 与件 2,3 修合间隙 0.3~0.8 mm	6	6	0	0	塞尺		
13	件 2,3 的对缝间隙 0.3~0.6 mm(2 处)	4	4	0	0	塞尺		
14	件 2,3 与件 4 修合间隙 0.3~0.6 mm(4 处)	6	6	0	0	塞尺		
15	件 4 转位互换性(4 处)	4	4	0	0	目测		
16	铆接钉头质量(20 个)	20	20	0	0	钉头量规		
17	铆接镦头质量(20 个)	10	10	0	0	镦头量规		
18	制孔、锪窝、不铆接窝质量(2 处)	6	6	0	0	窝量规		
19	分解铆钉质量(2 处)	6	6	0	0	目测		
20	表面质量	表面划伤、撞伤、机械损伤每处扣 1 分				目测		
21	技术安全与文明生产	违反有关规定扣总分 5~10 分				现场记录		
	合　计		100 分					

检测：　　　　　　　　　　　　　　　　年　　月　　日

【课后思考与练习】

(1)两半圆形口盖加工中对缝间隙如何保证？

（2）厚材料铣削或锉削加工中如何保证加工面不倾斜？

（3）厚薄材料制孔加工如何保证孔的垂直度？

（4）如图 18.6 所示，进行五方梅花三组合修合与铆接训练。评分表见表 18.3，技术要求如下：

1）口盖相关尺寸公差为 0.3 mm，边距、间距尺寸公差为 0.5 mm。

2）五方梅花及三角形口盖修合间隙为 0.3～0.6 mm。

3）互换孔 $\phi 4$ mm 公差为 0.2 mm。

4）制孔、锪窝、铆接质量按技术文件要求执行。

5）外观质量棱边无毛刺、表面无划伤。

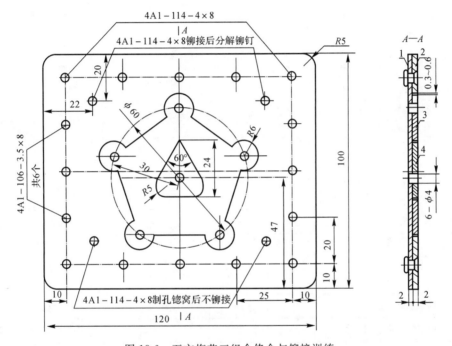

图 18.6　五方梅花三组合修合与铆接训练

表 18.3　五方梅花三组合修合与铆接操作评分表

五方梅花三组合修合与铆接操作评分表			图　号		考　号		总　分		
序号	考核要求	配分 T	评分标准			检测工具	检测结果	扣分
			$\leqslant T$	$>T,\leqslant 2T$	$>2T$			
1	(120 mm×100 mm)±0.5 mm	2	2	0	0	游标卡尺		
2	四边互垂 90°±30′	2	2	0	0	直角尺		
3	4-R5 mm 过渡圆滑	2	2	0	0	半径规		
4	4 号件 24 mm	2	2	0	0	游标卡尺		
5	4 号件 R5 mm 过渡圆滑	2	2	0	0	半径规		
6	4 号件 60°	1	1	0	0	角度尺		

续 表

序号	考核要求	配分 T	评分标准			检测工具	检测结果	扣分
	五方梅花三组合修合与铆接操作评分表		图 号	考 号	总 分			
			≤T	>T,≤2T	>2T			
7	孔边距 47 mm±0.3 mm	2	2	0	0	游标卡尺		
8	3 号件孔距 30 mm(5 处)	5	5	0	0	游标卡尺		
9	3 号件 R6 mm 过渡圆滑	5	5	0	0	半径规		
10	铆钉边距 10 mm(20 处)	5	5	0	0	钢板尺		
11	铆钉间距 20 mm(8 处)	2	2	0	0	钢板尺		
12	铆钉间距 25 mm(8 处)	2	2	0	0	钢板尺		
13	铆钉边距 20 mm× 22 mm(8 处)	2	2	0	0	钢板尺		
14	件 3 与件 4 修合间隙 0.3~0.6 mm	5	5	0	0	塞尺		
15	件 2 与件 3 修合间隙 0.3~0.6 mm	15	15	0	0	塞尺		
16	技术要求 3(6 孔)	6	6	0	0	目测		
17	件 2 与件 3 转位 间隙均匀(5 处)	5	5	0	0			
18	件 4 翻转间隙均匀	3	3	0	0	目测		
19	铆接钉头质量(16 个)	16	16	0	0	钉头样板		
20	铆接镦头质量(16 个)	8	8	0	0	镦头样板		
21	2-φ4.1 mm 检测孔(2 处)	4	4	0	0	标准铆钉		
22	分解铆钉(2 处)	4	4	0	0	目测		
23	外观及未注尺寸	畸形、未加工完等扣总分 5~10 分 每超差一处扣 1 分				目测		
24	技术安全与文明生产	违反有关规定扣总分 5~10 分				现场记录		
合 计		100 分						
复核人员		检 测 人 员						
		签 字		检测项目序号				

项目课题 19　铆钣复合件 1 成形

项目课题 19 主要讲述铆钣复合件 1 成形任务实施工艺分析及材料、操作工量刀具、技术要求、相关专业知识、任务实施准备工作、操作步骤、注意事项及实施效果评价等内容。

教学要求

(1)基本明确铆钣复合件课题结构图纸上的内容和技术要求。

(2)能够正确分析铆钣复合件课题的零件加工工艺与加工方法。

(3)基本掌握钣弯件毛坯展开料的计算方法。

(4)明确齿形口盖修合课题的加工工艺和加工测量方法。

(5)熟练掌握深孔加工的操作方法与加工技巧。

(6)掌握钣弯件的加工方法及操作要点。

(7)掌握大型铆接件铆接方法以及防止铆接变形的注意要点。

(8)能够对完成课件中存在的质量问题正确分析并提出合理解决方法。

(9)遵守安全操作规定。

内容框架图

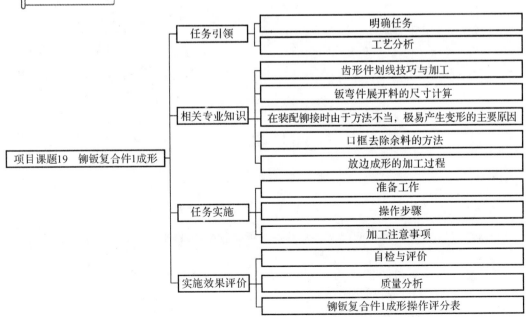

项目课题19　铆钣复合件1成形	任务引领	明确任务
		工艺分析
	相关专业知识	齿形件划线技巧与加工
		钣弯件展开料的尺寸计算
		在装配铆接时由于方法不当，极易产生变形的主要原因
		口框去除余料的方法
		放边成形的加工过程
	任务实施	准备工作
		操作步骤
		加工注意事项
	实施效果评价	自检与评价
		质量分析
		铆钣复合件1成形操作评分表

【任务引领】

一、明确任务

1.铆钣复合件 1 成形

按照图样(见图 19.1)的要求进行零件加工。

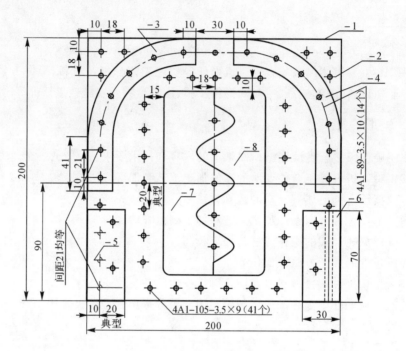

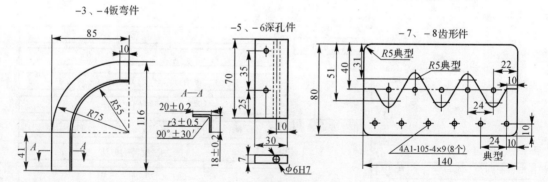

图 19.1 铆钣复合件 1

2.技术要求

(1)齿形口盖-7、-8 配合间隙为 0.4~0.8 mm,公差范围内均匀度为 0.2 mm。

(2)齿形口盖-7 翻转 180°互换,基准件-7 尺寸公差为±0.2 mm。

(3)齿形件-7、-8 与口框-2 的修合间隙为 0.3~0.6 mm,公差范围内均匀度为 0.2 mm。

(4)外形装配尺寸公差为±0.5 mm。

(5)图中沉头铆钉钉头凸出量为 0~0.1 mm。

(6)钣弯件手工成形,平整光滑,无明显锤痕。

(7)钣弯件-3、-4 间距 30 mm±0.5 mm。

(8)钣弯件-3、-4 与口框-2 铆接间隙≤0.1 mm。

(9)深孔件-5、-6 深孔垂直度公差为 0.1 mm,对称度公差为 0.1 mm。

(10)铆接变形公差≤0.1 mm。

(11)钣弯件、深孔件与-2 装配贴合度间隙≤0.1 mm。

3. 铆钣复合件 1 工量刀具清单

铆钣复合件 1 工量刀具清单见表 19.1。

表 19.1　铆钣复合件 1 工量刀具清单

铆钣复合件 1 成形 工量刀具清单	毛　坯	材　料	数　量	图　号
	$\delta2$ mm×202 mm×202 mm	2A12T4	2	MZ19
	$\delta2$ mm×142 mm×58 mm	2A12T4	2	
	$\delta7$ mm×70.5 mm×30.5 mm	2A12T4	2	
	$\delta1.2$ mm×154×40 mm	2A12M	2	

序号	名称	规格	数量	序号	名称	规格	数量
1	风钻	Z601	1	18	钻头	$\phi8.5$ mm	1
2	风钻	Z801	1	19	铣轮	$\phi20$ mm	1
3	铆枪	M301	1	20	铣轮	$\phi10$ mm	1
4	顶铁		1	21	锯弓	300 mm	1
5	平窝头		1	22	快速定位销	$\phi2.7$ mm	20
6	半圆窝头		1	23	直剪		1
7	弓形夹		6	24	弯剪		1
8	铝平锉	300 mm	1	25	木榔头		2
9	半圆锉	250 mm	1	26	划规	200 mm	1
10	圆锉	150 mm	1	27	划针		1
11	锪窝钻	$\phi3.5$ mm×90°	1	28	拍板		1
12	锪窝钻	$\phi4$ mm×90°	1	29	游标卡尺	0～15 mm、0～300 mm	各1
13	毛刺锪	$\phi10$ mm	1	30	钢板尺	300 mm	1
14	什锦锉	$\phi5$ mm×200 mm ×10 支	1 套	31	直角尺	250 mm×200 mm	1
15	钻头	$\phi2.7$ mm、 $\phi3.6$ mm	1	32	半径规	$R1～R7$ mm	1
16	钻头	$\phi4.1$ mm、 $\phi5.8$ mm	各1	33	平台	300 mm×400 mm	1
17	钻头	长杆 $\phi5.8$ mm	1	34	方箱	200 mm×200 mm	1
备注	铆工、半径常用工具						

二、工艺分析

(1)齿形口盖间隙修合中,基准件加工的精度和对称性是保证间隙及互换的关键。通过图纸分析,可以利用外形加工面作为间接测量齿形位置的基准。首先把外形尺寸加工合格,并且保证三边垂直后划齿形线。加工时,通过测量 A 面至两齿底处的尺寸 26 mm 及 A 面至三个齿高处的尺寸 56 mm,控制齿形的深度和高度。然后以加工好的 40 mm 尺寸的台阶面作为基线,分别测量 B 面、C 面至三齿宽处的距离 34.61 mm、82.61 mm 和 130 mm,控制齿形的对称性。齿宽对称性在测量时可以多选择几处基线位置,准确性控制会更好。选取基线的方法可以用直尺放置在试板上,保证直尺距离 A 面平行,用弓形夹辅助夹紧直尺,这样测量的数据才能准确。齿形基准件对称度测量方法如图 19.2 所示。

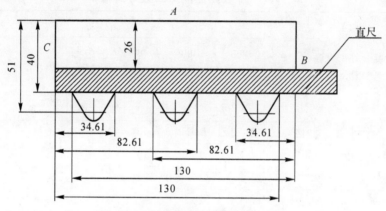

图 19.2　齿形基准件对称度测量方法

(2)齿形配合件划线方法。齿形件划线如图 19.3 所示。齿形基准件加工合格后,配合件的划线也很重要,容易出现外形错位的情况。划线前,两件毛坯外形保证三边互相垂直,长度 140 mm 加工合格一致。配合件划线时,用组合直角块限制两块料的外形垂直、不错位,在基准件下面垫一块与材料厚度一致的条料,确保划线时基准件稳定、不移位。

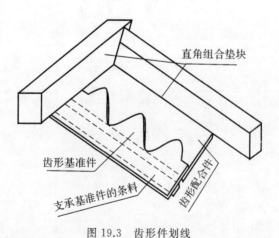

图 19.3　齿形件划线

(3)钻削深孔的操作方法与注意要点。钻削深孔的关键是垂直度的控制和钻削的方法。垂直度控制不好,会使深孔倾斜、钻破材料表面,造成零件报废。钻削方法不正确会使钻头折断或者孔径增大。因此,深孔加工要有正确的方法。

钻削深孔垂直度的控制方法：①采用垂直钻套，但是对于本课题深度为 70 mm 的孔，垂直钻套要有一定的强度，而且厚度要大于 20 mm，这样在钻孔时能够有足够的引导深度，保证孔位正确。②采用 U 形钻模，钻模的 U 形口要与材料的厚度相等，钻套要有一定的引导厚度。③采用长条垫块作距离参考，钻孔时，将长条垫块与材料同时夹持，借助钻头距离参考位置板的距离来控制钻头的左右垂直度。深孔钻削辅助工具如图 19.4 所示。

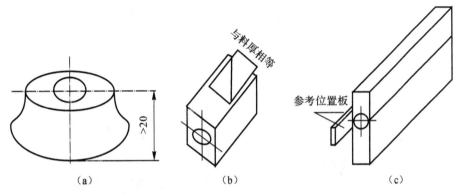

图 19.4　深孔钻削辅助工具

(a)垂直钻套；(b)U 形钻模；(c)长条垫块作距离参考

钻削深孔划线方法：划线时，不仅要在两端划线，而且要将孔位中心线延长至材料的侧面〔见图 19.4(c)〕，这样在钻孔时，能随时观察钻头在孔内的左右位置，如果有偏斜，材料表面就能看出有微量的鼓包现象，以便随着矫正钻头位置，防止钻头将材料钻破致使报废。

钻削深孔时，一般采用分级进给的加工方法，也就是钻削深度要小，退刀排屑次数要多。刀具要锋利，有断屑、分屑的功能，防止钻削时间过长，切屑在孔内产生堆积，使钻头折断，或者切屑积聚孔内，挤破孔壁，造成废品。

【相关专业知识】

一、齿形件划线技巧与加工

齿形件由于型面比较复杂，存在凹凸曲面，而且具有一定的对称性，有翻转互换的要求，加工难度较大。因此，从划线开始就要有合理的方法，减少加工中超差的产生。

齿形基准件划线时，一般从 A 面直接划齿形线，去余量加工，如果加工时齿形底部加工超差(齿槽深)，就会直接影响修合的间隙。因此，为防止出现这样的情况，划线时在基准 A 面留有 0.5 mm 的余量，为加工过程中出现超差时做尺寸弥补。如果没有出现此类情况，那么 0.5 mm 余量在外形修整中加工去除也比较容易。齿形配合件划线时同样可以采用这种方法。

二、钣弯件展开料的尺寸计算

钣弯件展开尺寸的计算是钣金专业的必备技能。钣弯件展开计算是否正确，直接影响零件质量的好坏，计算不准还会增加手工锉修及剪切的工作量。展开料根据弯曲前后体积不变的原则进行计算，一般采用中性层展开计算法。钣弯件放边计算示例如图 19.5 所示。

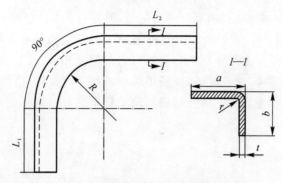

图 19.5 钣弯件放边计算示例图

钣弯件放边中性层弧长的计算方法如下：

毛料宽度计算

$$B = a + b - \left(\frac{r}{2} + t\right)$$

毛料长度计算

$$L = L_1 + L_2 + \frac{\pi}{2}\left(R + \frac{b}{2}\right)$$

式中 a,b—— 弯边宽度；

L_1,L_2—— 直线段长度；

r—— 内圆角半径；

t—— 材料厚度；

R—— 零件弯曲半径。

三、在装配铆接时由于方法不当，极易产生变形的主要原因

(1)施工过程中装配方法和铆接顺序不合理引发变形。装配过程中的顺序应视刚性的强弱采用不同的铆接方法。一般遵循中心法或边缘法，否则材料膨胀无法向外延展，会产生鼓动和变形。

(2)铆接工具选用不当，铆接时施力过大引起变形。应根据产品结构的刚度和铆钉直径选用适当功率的铆枪和适当质量的顶把。

预防和减少铆接变形要注意以下几点：

1)装配夹紧要牢靠，采用合理的铆接顺序。

2)尽量采用正铆法，反铆时，尽量避免锤击时间过长。根据铆钉的尺寸采用功率适宜的铆枪和质量适宜的顶把。

3)铆钉长度和镦头要加以控制，避免镦头过扁，产生零件变形。

4)施工过程中应经常检查产品的准确程度，发现变形及时克服。

四、口框去除余料的方法

口框内形面是尺寸较大的长方形，采用钻排孔去除余料加工效率较低。因此，先在对角位置钻排孔去除 15 mm×15 mm 余料后，用锯弓锯削直边，这样加工余量减少，操作方便。口框去除余料的方法如图 19.6 所示。

五、放边成形的加工过程

首先划出放边部分的曲度成形的边缘线，然后在平台或铁砧上锤放弯曲平面边的外缘，使材料伸展变薄,逐渐成形为凹曲线弯边零件。成形时锤放边必须与平台(铁砧)表面贴紧,锤放范围控制在锤放面靠近外缘 3/4 范围内,弯边根部不能锤击,否则会使零件产生扭曲和角度变形。操作中要经常用样板检查弯曲度,避免因放边过量,造成大量修正工作甚至报废。钣弯件"打薄"锤放如图 19.7 所示。

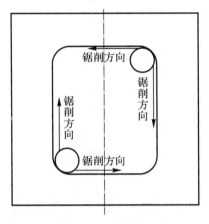

图 19.6　口框去除余料的方法

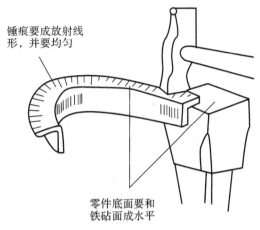

图 19.7　钣弯件"打薄"锤放

【任务实施】

一、准备工作

1.试板毛坯

检查毛坯尺寸:$\delta 2$ mm$\times 202$ mm$\times 202$ mm,$\delta 2$ mm$\times 142$ mm$\times 58$ mm,$\delta 7$ mm$\times 70.5$ mm$\times 30.5$ mm,$\delta 1.2$ mm$\times 154$ mm$\times 40$ mm。材料:2A12T4、2A12M。数量:各 2 件。

2.工艺装备

Z601、Z801 风钻;M301 铆枪;顶把;半圆窝头;平窝头;$\phi 3.5$ mm$\times 90°$、$\phi 4$ mm$\times 90°$锪窝钻;$\phi 2.7$ mm、$\phi 3.6$ mm、$\phi 4.1$ mm、$\phi 5.8$ mm 钻头;$\phi 6H7$ 铰刀;300 mm 铝平锉;250 mm 半圆锉;150 mm 圆锉;$\phi 20$ mm、$\phi 10$ mm 铣轮;$\phi 10$ mm 毛刺锪;$\phi 5\times 200$ mm 什锦锉;1 寸弓形夹;$\phi 2.7$ 定位销;直剪;弯剪;打板;木榔头;划规;划针;300 mm 钢板尺;200 mm$\times 250$ mm 直角尺;0~150 mm、0~300 mm 游标卡尺;$R1\sim R7$ mm 半径规;2B 铅笔;包装纸若干。

二、操作步骤

1.齿形口盖间隙修合

(1)锉削或铣削加工齿形件长度尺寸 140 mm 至合格,第三边加工与短边垂直,58 mm 尺寸去除最少余量达到要求即可。

(2)齿形件-7 划线。划线以 140 mm 中心线为基准,对称划线,注意留 0.5 mm 加工余量,划定位尺寸 31 mm、40 mm、51 mm 的位置线,$R5$ mm 划线过渡圆滑,连接切线相切位置要准确,减少划线产生的误差。

(3)去余料。在 $R5$ mm 圆弧处采用 $\phi 3.6$ mm、$\phi 8.5$ mm 钻头钻孔、扩孔,其余直线部分采用锯弓锯削去除余料,以减少加工余量。

(4)锉削或铣削加工面,采用间接测量方法控制齿形的齿底尺寸、齿高尺寸、齿宽尺寸以及齿宽的对称度。

(5)检查齿形件-7的所有尺寸及对称性,对有误差的位置进行修整,使其满足对称要求。

(6)在-8齿形件材料上用划针划配合齿形线,注意留0.5 mm修配余量。

(7)去余料。在 $R5$ mm圆弧处采用 $\phi3.6$ mm、$\phi8.5$ mm钻头钻孔、扩孔,其余直线部分采用锯弓锯削去除余料,以减少加工余量。

(8)锉削或铣削加工面,并用-7齿形基准件试配检查间隙,试配时注意外形位置不能产生错位,可用直角尺辅助控制外形相对位置,直至间隙达到要求,并满足互换要求。

(9)划线。以台阶面作为基准,划40 mm位置尺寸线。

(10)锉削加工外形余量,在保证间隙合格的情况下,加工外形尺寸80 mm直至达到合格要求。

(11)去除所有加工面毛刺。

2.深孔件-5、-6的加工

(1)-5、-6件的外形加工,保证尺寸30 mm、70 mm合格,四边垂直。

(2)划线。依据图纸划出深孔位置线和螺栓孔位置线。

(3)分级钻孔 $\phi3.6$ mm、$\phi4.8$ mm,铰孔 $\phi6H7$。

(4)清理孔内切屑、孔口毛刺。

3.钣弯件加工

(1)检查材料状态、规格、表面质量。要求:材料无明显划伤、压痕等缺陷。

(2)计算零件展开料的长度和宽度尺寸。$L=153.1$ mm,$B=35.3$ mm。

(3)下展开料,锉修边缘毛刺并用砂纸打光。

(4)按图纸将板料弯制成角材。

(5)放边成形。

(6)修整。

(7)划线,去余量,去毛刺。

(8)检查加工件是否符合图纸及技术要求。

4.口框加工

(1)将口框外形加工至200 mm×200 mm,四边垂直。

(2)依据图纸在口框上划出齿形口盖正确的位置线。

(3)去除口框中间的余料。

(4)铣削加工口框内部轮廓面,间接测量尺寸,保证内形面与外形轮廓面平行,尺寸控制在(140 mm×80 mm)+0.4 mm且均匀。

(5)用齿形配合件试配检查修合间隙,使其满足要求(0.3~0.6 mm)且间隙均匀。

(6)去除加工面毛刺。

5.底板加工

(1)依据图纸将底板加工至200 mm×200 mm,四边垂直,与口框外形重合不错位。

(2)去除棱边毛刺。

6.装配铆接

(1)划线。在口框-2,钣弯件-3、-4,齿形件-7、-8上分别划出铆钉孔位线和工艺螺栓孔位线。

(2)在所有孔位处钻导孔 $\phi 2.7$ mm,去除孔口毛刺。

(3)定位装夹口框与底板,按照图纸标识引钻、扩孔、去毛刺、锪窝、铆接。

(4)定位安装齿形口盖,按照图纸要求引钻、扩孔、去毛刺、锪窝、铆接。

(5)定位安装深孔件,按图纸要求引钻螺栓孔,并去毛刺。

(4)定位安装钣弯件,按图纸要求引钻、扩孔、去毛刺、铆接。

7.铆接质量检查

检查所有的铆接质量,对不符合要求的铆钉进行分解,重新铆接,以达到要求。

8.外形修整

将完成的课件外观进行修整,消除外形阶差,去除毛刺。然后用清洗剂将试板表面擦拭干净。

9.终检

依据图纸对课件所有加工尺寸进行复查。

三、加工注意事项

(1)图纸分析要全面,注意结构特点。

(2)齿形件划线要以中心线为基准,对称划,避免偏移。

(3)齿形件加工测量定位尺位置要准确、牢靠,确保测量数据准确。

(4)齿形配合件划针划线力度要合适,避免划伤表面。

(5)齿形配合件锯削余量要仔细,避免锯削错误。

(6)深孔钻削要及时退屑,及时加冷却液,避免切屑在孔内产生积削瘤将孔径胀大。

(7)深孔件安装时注意对称位置,避免与图不符或多钻孔。

(8)钣弯件加工时剪切后去除毛刺,避免榔头成形过程中产生裂纹。

(9)钣弯件榔头成形过程中无明显锤痕或严重裂纹。

(10)铆接时深孔件下面的铆钉钉头不能过高,否则深孔件与口框之间会产生间隙。

(11)钣弯件铆接时,注意铆枪与顶把的力量,避免出现铆接变形。

【实施效果评价】

一、自检与评价

每位学生完成课题后,按照图样和评分标准认真检测每一项考核指标,对不符合要求的铆钉和超差的尺寸做出自检标记。

二、质量分析

学生针对自己在加工中出现的质量问题做出原因分析,并提出纠正措施,指导教师对全部学生的课件进行检测,并做好检测记录。对于学生普遍存在的操作方法、检测方法、技术安全等方面的问题,分析产生错误的原因,提出纠正措施,避免类似的问题重复发生。

三、铆钣复合件 1 成形操作评分表

铆钣复合件 1 成形操作评分表见表 19.2。

表 19.2　铆钣复合件 1 成形操作评分表

序号	考核要求		配分 T	评分标准			检测工具	检测结果	扣分
铆钣复合件 1 成形操作评分表			图 号		考 号		总 分		
			MZ19						
				$\leqslant T$	$>T,\leqslant 2T$	$>2T$			
1	齿形件	−7 件尺寸 10 mm、31 mm、40 mm、51 mm	6	6	0	0	钢板尺		
2		−7 件 R5 过渡圆滑	2	2	0	0	半径规		
3		−7、−8 外形尺寸 140 mm×80 mm	4	4	0	0	钢板尺		
4		−7、−8 修合间隙 0.4～0.8 mm 均匀	6	6	0	0	塞尺		
5		−7 翻转间隙均匀	4	4	0	0	塞尺		
6	深孔件	−5、−6 外形尺寸 70 mm×30 mm	4	4	0	0	游标卡尺		
7		−5、−6 孔距 35 mm	2	2	0	0	游标卡尺		
8		深孔垂直度 0.1 mm	4	4	0	0	直角尺 测量棒		
9		深孔对称度 0.1 mm	4	4	0	0			
10	钣弯件	−3、−4 外形尺寸 116 mm×85 mm	4	4	0	0	钢板尺		
11		−3、−4 弯边尺寸 20 mm、18 mm	6	6	0	0	钢板尺		
12		−3、−4 垂直度 90°±30′	4	4	0	0	直角尺		
13		−3、−4 圆滑 r3 mm±0.5 mm	2	2	0	0	半径规		
14		R55 mm、R75 mm	4	4	0	0	样板		
15		−3、−4 直边尺寸 10 mm、41 mm	4	4	0	0	游标卡尺		

续 表

铆钣复合件 1 成形操作评分表			图 号	考 号		总 分		
			MZ19					

序号	考核要求		配分 T	评分标准			检测工具	检测结果	扣分
				$\leqslant T$	$>T,\leqslant 2T$	$>2T$			
16		铆钉孔边距	5	5	0	0	游标卡尺		
17		铆钉孔间距	3	3	0	0	钢板尺		
18		螺栓孔边距、间距	3	3	0	0	游标卡尺		
19		钣弯件与-2铆接贴合度≤0.1 mm	5	5	0	0	塞尺		
20	装配质量	深孔件与-2安装贴合度≤0.1 mm	3	3	0	0	塞尺		
21		齿形件与-2修合间隙0.3～0.6 mm均匀	5	5	0	0	塞尺		
22		铆接质量	8	8	0	0	钉头样板、镦头样板		
23		铆接变形	4	4	0	0	钢直尺		
24		外形阶差	4	4	0	0	钢直尺		
25	表面质量		表面划伤、撞伤、机械损伤每处扣1分				目测		
26	技术安全与文明生产		违反有关规定扣总分5～10分				现场记录		
合　计			100 分						

检测：　　　　　　　　　　　　　　　　　　　　年　月　日

【课后思考与练习】

(1)齿形件间隙修合加工的难点是什么？

(2)钣弯件手工成形的加工难点是什么？

(3)深孔钻削的质量如何控制？

(4)如图 19.8 所示,进行铆钣复合件成形训练。评分表见表 19.3,技术要求如下：

1)齿形口盖-7、-8配合间隙为 0.4～0.8 mm,公差范围内均匀度为 0.2 mm。

2)齿形口盖-7 翻转 180°互换,基准件-7 尺寸公差为±0.2 mm。

3)齿形件-7、-8 与口框-2 的修合间隙为 0.3～0.6 mm,公差范围内均匀度为 0.2 mm。

4)外形装配尺寸公差为±0.5 mm。

5)图中沉头铆钉钉头凸出量为 0～0.1 mm。

6)钣弯件手工成形,平整光滑,无明显锤痕。

7)钣弯件-3、-4 与口框-2 铆接间隙≤0.1 mm。

8)深孔件-5、-6 深孔垂直度公差为 0.1 mm,对称度公差为 0.1 mm。

9)铆接变形公差≤0.1 mm。

10)钣弯件、深孔件与-2 装配贴合度间隙≤0.1 mm。

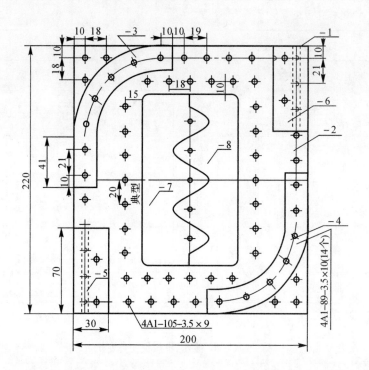

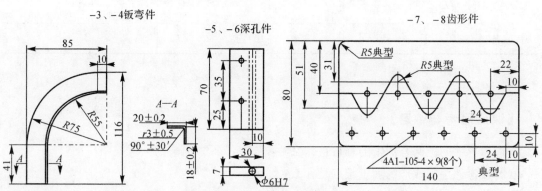

图 19.8　铆钣复合件成形训练 1

表 19.3　铆钣复合件成形训练操作评分表 1

铆钣复合件成形训练操作评分表			图　号		考　号		总　分		
序号	考核要求		配分 T	评分标准			检测工具	检测结果	扣分
				≤T	>T,≤2T	>2T			
1	齿形件	−7 件尺寸 10 mm、31 mm、40 mm、51 mm	6	6	0	0	钢板尺		
2		−7 件 R5 过渡圆滑	2	2	0	0	半径规		
3		−7、−8 外形尺寸 140 mm×80 mm	4	4	0	0	钢板尺		
4		−7、−8 修合间隙 0.4~0.8 mm 均匀	6	6	0	0	塞尺		
5		−7 翻转间隙均匀	4	4	0	0	塞尺		
6	深孔件	−5、−6 外形尺寸 70 mm×30 mm	4	4	0	0	游标卡尺		
7		−5、−6 孔距 35 mm	2	2	0	0	游标卡尺		
8		深孔垂直度 0.1 mm	4	4	0	0	直角尺、测量棒		
9		深孔对称度 0.1 mm	4	4	0	0			
10	钣弯件	−3、−4 外形尺寸 116 mm×85 mm	4	4	0	0	钢板尺		
11		−3、−4 弯边尺寸 20 mm、18 mm	6	6	0	0	钢板尺		
12		−3、−4 垂直度 90°±30′	4	4	0	0	直角尺		
13		−3、−4 圆滑 r3 mm±0.5 mm	2	2	0	0	半径规		
14		R55 mm，R75 mm	4	4	0	0	样板		
15		−3、−4 直边尺寸 10 mm、41 mm	4	4	0	0	游标卡尺		
16	装配质量	铆钉孔边距	5	5	0	0	游标卡尺		
17		铆钉孔间距	3	3	0	0	钢板尺		
18		螺栓孔边距、间距	3	3	0	0	游标卡尺		
19		钣弯件与−2 铆接贴合度≤0.1 mm	5	5	0	0	塞尺		
20		深孔件与−2 安装贴合度≤0.1 mm	3	3	0	0	塞尺		
21		齿形件与−2 修合间隙 0.3~0.6 mm 均匀	5	5	0	0	塞尺		
22		铆接质量	8	8	0	0	钉头样板、镦头样板		
23		铆接变形	4	4	0	0	钢直尺		
24		外形阶差	4	4	0	0	钢直尺		

续表

铆钣复合件训练操作评分表		图号		考号		总分	

序号	考核要求	配分 T	评分标准			检测工具	检测结果	扣分
			≤T	>T,≤2T	>2T			
25	表面质量	表面划伤、撞伤、机械损伤每处扣1分				目测		
26	技术安全与文明生产	违反有关规定扣总分5~10分				现场记录		
合　计		100分						

复核人员	检测人员		
	签字	检测项目序号	

项目课题 20　铆钣复合件 2 成形

内容提示

项目课题 20 主要讲述铆钣复合件 2 成形任务实施工艺分析及材料、操作工量刀具、技术要求、相关专业知识,任务实施准备工作、操作步骤、注意事项及实施效果评价等内容。

教学要求

(1)提升复合图纸的分析能力,明确各试件的结构特点。

(2)基本掌握钣弯件收边的加工方法及折波钳的使用。

(3)学会计算钣弯件展开料的尺寸计算。

(4)提高复杂试件工艺分析能力和加工技巧的积累。

(5)基本掌握 S 形钣弯件的加工步骤与操作要点。

(6)熟练掌握对称性修合课题的加工与测量方法。

(7)提高深孔钻削的技能和操作中的注意事项。

(8)加强铣轮铣削的精度,提升技能水平。

(9)遵守安全操作规定。

内容框架图

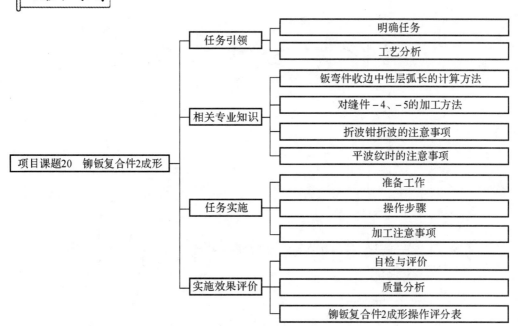

【任务引领】

一、明确任务

1.铆钣复合件 2 成形

按照图样(见图 20.1)的要求进行零件加工。

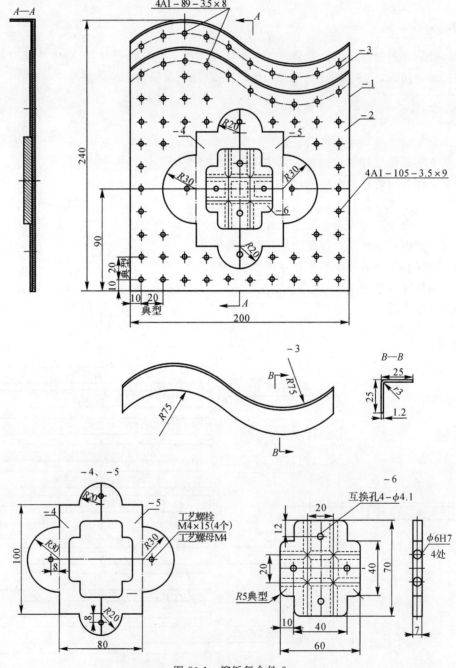

图 20.1　铆钣复合件 2

2.技术要求

(1)外形尺寸公差为±1 mm,曲面圆弧过渡圆滑。

(2)铆钉边距、间距公差为±0.5 mm。

(3)-4、-5、-6件尺寸公差、圆弧尺寸公差为±0.3 mm,圆弧过渡圆滑。

(4)-2与-3对缝间隙尺寸为1 mm±0.2 mm,均匀度在0.2 mm之间。

(5)-2与-4、-5,-6与-4、-5口盖间隙修合尺寸为0.3～0.6 mm,均匀度在0.2 mm之间。

(6)-4与-5对缝间隙修合尺寸为0.2～0.5 mm,均匀度在0.2 mm之间。

(7)钣弯件手工成形,平整光滑,无明显锤痕。

(8)-6件4-ϕ4.1互换孔错位误差≤0.1 mm。

(9)-4、-5口盖能翻转互换,间隙符合公差均匀。

(10)-6口盖翻转互换,间隙符合公差均匀。

(11)-6深孔垂直度公差为0.1 mm。

(12)钣弯件与-1件贴合度间隙≤0.1 mm。

(13)外形阶差≤0.1 mm。

3.铆钣复合件 2 成形工量刀具清单

铆钣复合件 2 成形工量刀具清单见表20.1。

表 20.1　铆钣复合件 2 成形工量刀具清单

铆钣复合件 2 成形工量刀具清单	毛　坯	材　料	数　量	图　号
	δ2 mm×242 mm×202 mm	2A12T4	1	MZ20
	δ2 mm×216 mm×202 mm	2A12T4	1	
	δ2 mm×142 mm×150 mm	2A12T4	1	
	δ7 mm×70.5 mm×60.5 mm	2A12T4	1	
	δ1.2 mm×310 mm×55 mm	2A12M	1	

序号	名称	规格	数量	序号	名称	规格	数量
1	风钻	Z601	1	19	铣轮	ϕ20 mm	1
2	风钻	Z801	1	20	铣轮	ϕ10 mm	1
3	铆枪	M301	1	21	锯弓	300 mm	1
4	顶铁		1	22	快速定位销	ϕ2.7 mm	20
5	平窝头		1	23	直剪		1
6	半圆窝头		1	24	弯剪		1
7	弓形夹		6	25	木榔头		2
8	铝平锉	300 mm	1	26	铝榔头		1
9	半圆锉	250 mm	1	27	划规	200 mm	1
10	圆锉	150 mm	1	28	划针		1

续 表

			毛 坯		材 料	数量	图 号
铆钣复合件2成形 工量刀具清单			δ2 mm×242 mm×202 mm		2A12T4	1	MZ20
			δ2 mm×216 mm×202 mm		2A12T4	1	
			δ2 mm×142 mm×150 mm		2A12T4	1	
			δ7 mm×70.5 mm×60.5 mm		2A12T4	1	
			δ1.2 mm×310 mm×55 mm		2A12M	1	

序号	名称	规格	数量	序号	名称	规格	数量
11	锪窝钻	φ3.5 mm×90°	1	29	拍板		1
12	锪窝钻	φ4 mm×90°	1	30	游标卡尺	0～15 mm、0～300 mm	各1
13	毛刺锪	φ10 mm	1	31	钢板尺	300 mm	1
14	什锦锉	φ5 mm×200 mm×10支	1套	32	直角尺	250 mm×200 mm	1
15	钻头	φ2.7 mm、φ3.6 mm	1	33	半径规	R1～R7 mm	1
16	钻头	φ4.1 mm、φ4.8 mm	各1	34	平台	300 mm×400 mm	1
17	钻头	长杆φ5.8 mm	1	35	方箱	200 mm×200 mm	1
18	铰刀	φ5H7	1				
备注	铆工、半径常用工具						

二、工艺分析

(1)该零件为S形收放边零件。收边成形采用折波钳收边,放边成形采用打薄锤放的加工方法。

收边操作:根据零件曲度大小,用折波钳在弯边底部收边部分做出若干波纹,波纹分布要均匀,高度不宜太高,波长不大于收边宽度的2/3。平波纹时为了避免波纹向外伸展,应先将波纹口部敲平封住,再在轨铁上用榔头收平波纹,折皱收边可多次进行,第二次折出的波纹要与第一次折出的波纹错开,避免造成收边曲度不均匀。操作中要及时清除平波后产生的裂纹,并经常用样板检查弯曲度,直到符合形状要求及技术要求。

放边成形:首先按图纸划出放边部分的曲度边缘线,然后在平台或铁砧上锤放弯曲平面边的外缘,使材料伸展变薄,逐渐成形为凹曲线弯边零件。成形时锤放边必须与平台(铁砧)表面贴紧,锤放范围控制在锤放面靠外缘3/4范围内,弯边根部不能锤击,否则会使零件产生扭曲和角度变形。操作中要经常用样板检查弯曲度,避免因放边过量,造成大量修正工作量甚至使材料报废。

(2)组合件-4、-5是对缝修合加工,修合间隙为0.2～0.5 mm,毛坯材料是一件,尺寸为142 mm×150 mm。一般有两种划线加工方式:其一,将材料分割成142 mm×74 mm的两件

后分别划线,加工成-4、-5 的形面,再进行对缝修合加工。其二,将毛坯料外形加工成 140 mm×
150 mm,四边垂直,再以 140 mm 划对称中心线,以中心线为基准两边各划出 5 mm 平行线,
再划内部的对缝处轮廓线。两种划线加工方法以个人的技能掌握情况进行选择。对缝件划线
方法如图 20.2 所示,S 形曲面划线方法如图 20.3 所示。

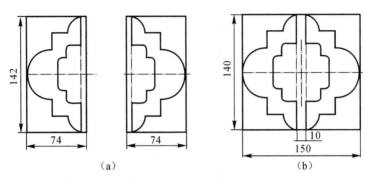

图 20.2　对缝件划线方法

(a)划线加工方法一；(b)划线加工方法二

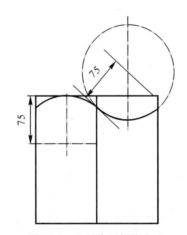

图 20.3　S 形曲面划线方法

(3)本课题中口框、底板与钣弯件都有 S 形面的加工,而且有铆接与间隙修合的关系。因
此,在加工时先加工底板与口框的 S 形面,两者可以夹持在一起同时加工,既能保证加工尺寸
一致,又能节省时间,加工完的 S 形面还可以作为钣弯件曲面手工成形的检测样板。

(4)-6 深孔件的加工与测量。-6 深孔件材料厚度为 7 mm,外形加工不仅要控制外形轮
廓各边与大平面垂直,还需要保证对称度,才能达到在口框中的间隙均匀,以及能够互换的要
求。加工时无论是锉削还是铣削外形余量,要注意刀具与加工面的平行,避免加工面倾斜,间
隙出现喇叭口现象,达不到均匀的要求。其次对称度的控制,需要注意加工方法。外形尺寸加
工合格后,四角的加工不能一次性将余量全部去除,应当先去除对角的余量,依据外形测量
50 mm、55 mm 线的尺寸合格后,再去除另两个角的余量,直接测量 40 mm 线的尺寸是否合
格。这样加工能够准确控制对称度。深孔件对称度的加工与测量如图 20.4 所示。

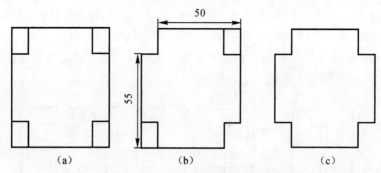

图 20.4　深孔件对称度的加工与测量

(a)外形尺寸合格后划线；(b)去除对角余量；(c)去除其他余量

【相关专业知识】

一、钣弯件收边中性层弧长的计算方法

钣弯件收边示例如图 20.5 所示，收边中性层弧长计算方法如下：

毛料宽度计算 $\qquad B = a + b - \left(\dfrac{r}{2} + t\right)$

毛料长度计算 $\qquad L = L_1 + L_2 + \dfrac{\pi}{2}(R + b)$

式中　　a , b —— 弯边宽度；

$\qquad L_1 , L_2$ —— 直线段长度；

$\qquad r$ —— 内圆角半径；

$\qquad t$ —— 材料厚度；

$\qquad R$ —— 零件弯曲半径。

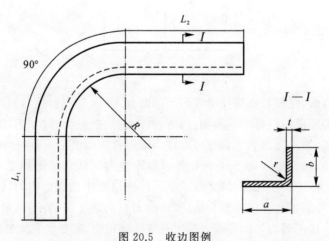

图 20.5　收边图例

二、对缝件-4、-5 的加工方法

对缝件-4、-5 的内、外面都需要加工，结构单薄，又不便测量，加工时方法不当很容易造成材料变形，因此合理的加工方法对质量很关键。根据结构特点，先将外形尺寸 140 mm 加工

合格,加工四边使之互相垂直。内形面与外形面有平行关系,先加工内形面,依靠加工好的外形面测量内形面的尺寸(35.4 mm、39.4 mm、49.4 mm、50.4 mm),尺寸均匀,注意内形面相交处有 $R5$ mm 曲面和直角两种情况,用加工好的−6 件试配检查间隙,内部结构合格后加工外形面。外形面加工时,控制尺寸 19.4 mm 均匀,铣削圆弧时,多调整夹层位置,保证试件夹持牢靠,避免发生铣削力矩带动试件移动铣伤加工面,甚至造成试件报废的情况。曲面与直面相交部分要做到清根。加工测量数据如图 20.6 所示。

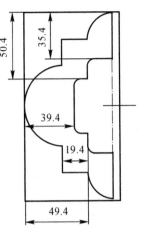

图 20.6　加工测量数据

三、折波钳折波的注意事项

(1)波纹应低并且要均匀分布,波纹间应保持一定的距离。例如:当底面宽度为 25～40 mm 时,波纹之间的距离应为 20～30 mm。

(2)不要扭曲折波,在制作时应使折波互相对称。

(3)正常折波的高度应与宽度相等,折波长度不应大于底面宽度的 2/3。折波钳折波如图 20.7 所示。

四、平波纹时的注意事项

(1)折波的收边工作可根据零件的形状,在平台、轨铁或成形铁砧上用木锤或铝锤进行,进行时要考虑材料的厚度和塑性。

(2)收边先从其顶点开始,轮流敲打折波两端,逐渐把这个波消除,迫使材料向它的根部流动并集中。折波收缩至其长度的 1/3 处时,就可以逐次地转移到另一个折波上。平波纹如图 20.7 所示。

(3)敲击力不要过大且不要集中。

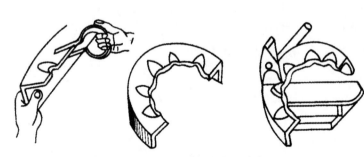

图 20.7　折波钳折波与平波纹

【任务实施】

一、准备工作

1.试板毛坯

检查毛坯尺寸:$\delta 2$ mm×242 mm×202 mm,$\delta 2$ mm×216 mm×202 mm,$\delta 2$ mm×142 mm×150 mm,$\delta 7$ mm×70.5 mm×60.5 mm,$\delta 1.2$ mm×310 mm×55 mm。材料:2A12T4、2A12M。数量:各 1 件。

2.工艺装备

Z601、Z801 风钻;M301 铆枪;顶把;半圆窝头;平窝头;$\phi 3.5$ mm×90°、$\phi 4$ mm×90°锪窝钻;$\phi 2.7$ mm、$\phi 3.6$ mm、$\phi 4.1$ mm、$\phi 5.8$ mm 钻头;$\phi 6H7$ 铰刀;300 mm 铝平锉;250 mm 半圆锉;150 mm 圆锉;$\phi 20$ mm、$\phi 10$ mm 铣轮;$\phi 10$ mm 毛刺锪;$\phi 5$ mm×200 mm 什锦锉;1 寸弓形夹;$\phi 2.7$ mm 定位销;直剪;弯剪;拍板;铝榔头;木榔头;划规;划针;300 mm 钢板尺;200 mm×250 mm 直角尺;0~150 mm、0~300 mm 游标卡尺;$R1$~$R7$ mm、$R15$~$R25$ mm 半径规;2B 铅笔;包装纸若干。

二、操作步骤

1.口框、底板的加工

(1)将口框与底板外形宽度尺寸 200 mm 加工合格且一致。

(2)将底板长度尺寸 240 mm、口框长度尺寸 214 mm 加工合格,保证四边垂直。

(3)用划规在底板上划出 S 形曲面轮廓线,切点位置应清晰、准确。

(4)将口框与底板夹持在一起,三边重合,注意夹持要牢靠,加工中不能产生位移错位。

(5)钻排孔去除曲面多余的材料。

(6)用 $\phi 20$ mm 铣轮铣削曲面,保证圆弧过渡圆滑,两端尖角处不能铣伤掉角。

(7)检查尺寸合格。

(8)去毛刺。

2.深孔件-6 加工

(1)加工外形尺寸 70 mm×60 mm 使其合格,保证四边垂直。

(2)划出 40 mm×40 mm 尺寸线。

(3)锯削去除余料。

(4)锉削加工,保证 40 mm×40 mm 尺寸合格,四个直角清根,以及对称性合格。

(5)划出 8 处 $R5$ mm 圆弧尺寸线。

(6)铣削、锉削加工 $R5$ mm 圆弧使其合格。

(7)去除毛刺。

(8)划 8 处深孔位置线,保证孔距尺寸 20 mm 合格。

(9)钻深孔 $\phi 5.8$ mm,铰削深孔 $\phi 6H7$。

(10)去除孔口毛刺,清理孔内切屑。

3.钣弯件加工

(1)检查材料状态、规格、尺寸、表面质量(无划伤、压痕、裂纹等)。

(2)计算零件展开料的长度和宽度尺寸。

(3)按图纸划线剪切下料,两端留 5~15 mm 加工余量并锉修边缘毛刺。

(4)将板料在折板机上弯制成角材。

(5)在毛料上用勾线笔划出收、放边加工分界线。

(6)收边和放边操作。

(7)按图纸划线修剪余量,修光边缘毛刺,满足技术要求。

(8)按图纸检查,符合图纸要求。

4.口框内形面的加工

(1)在口框上划出内形部分的对称中心线。

(2)将-4、-5件依据在口框上的位置,找正中心线,使两者中心线对齐,宽度方向调整好间隙后用弓形夹夹紧,并校对位置正确。

(3)用划针贴近根部在口框上划出-4、-5外形轮廓线。

(4)钻排孔去除中间的余料,直线部分可用锯弓锯削去除。

(5)铣削或锉削加工内形面,并用-4、-5件试配修整,直到达到间隙要求。

(6)去除加工面的棱边毛刺。

5.装配铆接

(1)在口框、对缝件、深孔件、钣弯件上依据图纸划出所有的孔位线。

(2)所有孔位钻 $\phi2.7$ mm 导孔,去除孔口毛刺。

(3)定位钣弯件。将钣弯件与底板外形对齐,引钻导孔,用快速定位销多点拉紧,固定好钣弯件位置。

(4)将口框放置在底板上,调整好口框与钣弯件的对缝间隙,达到 1 mm±0.2 mm 尺寸要求,间隙均匀,用弓形夹夹紧。

(5)拆卸下钣弯件,引钻口框上导孔,并用定位销拉紧。

(6)检查口框与底板外形的阶差并修整,消除阶差,达到要求。

(7)按照图纸扩孔、分解、去毛刺、安装、铆接所有的铆钉。

(8)将对缝件-4、-5放置到口框内,调整间隙,对间隙有变化的位置微量修整,去毛刺。

(9)消除间隙,将-4、-5完全贴合,固定夹紧钻出一端对缝处的 $\phi4.1$ mm 螺栓孔,再将-4、-5翻转,固定夹紧,引钻 $\phi4.1$ mm 螺栓孔。

(10)消除间隙,调整-4、-5中间的间隙,使其合格后,钻削 80 mm 处一端的 $\phi4.1$ mm 螺栓孔,再将-4、-5翻转,固定夹紧,引钻 $\phi4.1$ mm 螺栓孔。

(11)去除-4、-5孔口毛刺,调整好间隙,用工艺螺栓连接固定。

(12)深孔件划线,划出表面 4-$\phi4.1$ 孔位线。

(13)消除间隙,在边距 10 mm、12 mm 两处分别钻孔 $\phi2.7$ mm 后,翻转引钻到另两个孔。按此方法分别扩孔 $\phi3.6$ mm、$\phi4.1$ mm,达到孔径合格和互换要求。

(14)去除孔口毛刺。

6.钣弯件的铆接

(1)安装钣弯件,用快速定位销紧密拉紧,扩钻铆钉孔至终孔,去除孔口毛刺。

(2)采用中心法铆接钣弯件上所有的铆钉,并达到要求。

7.铆接质量检查

检查所有的铆接质量,对不符合要求的铆钉进行分解,重新铆接,以达到要求。

8.外形修整

将完成的课件外观进行修整,消除外形阶差,去除毛刺。然后用清洗剂将试板表面擦拭干净。

9.终检

依据图纸对课件所有加工尺寸进行复查。

三、加工注意事项

（1）认真识读图纸，明确零件装配的结构，避免工序重复。

（2）外形大曲度铣削时把控好铣削工具的使用，避免铣伤零件。

（3）钣弯件长度尺寸计算要熟知，避免计算错误，将材料剪切报废。

（4）钣弯件手工成形时一定要注意收放的方向，避免失误造成废品。

（5）收边与放边相切处过渡圆滑，修整点要准确。

（6）对缝修合加工时，间接测量的尺寸要计算准确，测量时采用多点测量，保证尺寸均匀。

（7）对缝处钻孔时一定要将试件夹持牢靠，为避免将表面夹伤，可在试板上或者夹头上贴胶带。

（8）试件钻互换孔时，一定要考虑对称性，不能一次性装夹钻削所有的孔，这样会无法达到互换性要求。

（9）厚材料曲面加工时，刀具要保持平稳，避免加工出的曲面在厚度方向大小不一。

（10）深孔钻削注意勤退刀，避免切屑堆积孔内产生积削瘤，胀大孔径。

（11）铣削操作时必须戴护目镜，防止切屑崩入眼睛，对操作者造成伤害。

【实施效果评价】

一、自检与评价

每位学生完成课题后，按照图样和评分标准认真检测每一项考核指标，对不符合要求的铆钉和超差的尺寸做出自检标记。

二、质量分析

学生针对自己在加工中出现的质量问题做出原因分析，并提出纠正措施，指导教师对全部学生的课件进行检测，并做好检测记录。对于学生普遍存在的操作方法、检测方法、技术安全等方面的问题，分析产生错误的原因，提出纠正措施，避免类似的问题重复发生。

三、铆钣复合件 2 成形操作评分表

铆钣复合件 2 成形操作评分表见表 20.2。

表 20.2　铆钣复合件 2 成形操作评分表

铆钣复合件 2 成形操作评分表			图 号	考 号		总 分		
			MZ20					
序号		考核要求	配分 T	评分标准			检测工具	检测结果	扣分
				$\leqslant T$	$>T,\leqslant 2T$	$>2T$			
1	深孔件	外形尺寸 70 mm、60 mm、40 mm	6	6	0	0	钢板尺		
2		8 - R5 mm 过渡圆滑	4	4	0	0	半径规		
3		深孔孔距 20、互换孔尺寸 10 mm、12 mm	4	4	0	0	游标卡尺		
4		深孔垂直度 0.1 mm	6	6	0	0	测量棒、直角尺		
5		4 - ϕ6H7 铰孔质量	4	4	0	0	光面塞规		

续 表

铆钣复合件 2 成形操作评分表				图 号		考 号		总 分		
				MZ20						
序号	考核要求		配分 T	评分标准			检测工具	检测结果	扣分	
				≤T	>T,≤2T	>2T				
6	对缝件	−4、−5 外形尺寸 100 mm×80 mm	2	2	0	0	游标卡尺			
7		R20 mm、R30 mm 尺寸公差±0.3 mm，圆弧过渡圆滑	4	4	0	0	游标尺、半径规			
8		螺栓孔孔距 8 mm	2	2	0	0	游标卡尺			
9	钣弯件	外形尺寸 200 mm、R75 mm	4	4	0	0	钢板尺、样板			
10		弯边尺寸 25 mm	4	4	0	0	钢板尺			
11		弯边垂直度 90°±30′	3	3	0	0	直角尺			
12		弯边圆滑 r3 mm±0.5 mm	2	2	0	0	半径规			
13	装配质量	铆钉孔边距	6	5	0	0	游标卡尺			
14		铆钉孔间距	3	3	0	0	钢板尺			
15		−4、−5 对缝修合间隙 0.2~0.5 mm 均匀	5	5	0	0	塞尺			
16		−6 与−4、−5 口盖修合 0.3~0.6 mm 均匀	5	5	0	0	塞尺			
17		−2 与−3 对缝修合 1 mm±0.2 mm 均匀	4	4	0	0	塞尺			
18		−2 与−4、−5 口盖修合 0.3~0.6 mm 均匀	4	4	0	0	塞尺			
19		钣弯件与−2 铆接贴合度≤0.1 mm	5	5	0	0	塞尺			
20		−6 件翻转间隙均匀	3	3	0	0	塞尺			
21		−4、−5 翻转间隙均匀	3	3	0	0	塞尺			
22		互换孔 4−φ4.1 互换错位误差≤0.1 mm	2	2	0	0	直销			
23		铆接质量	8	8	0	0	钉头样板、镦头样板			
24		铆接变形	4	4	0	0	钢直尺			
25		外形阶差	3	3	0	0	钢直尺			
26	表面质量		表面划伤、撞伤、机械损伤每处扣 1 分				目测			
27	技术安全与文明生产		违反有关规定扣总分 5~10 分				现场记录			
合　　计			100 分							

检测：　　　　　　　　　　　　　　　　　年　　月　　日

【课后思考与练习】

(1)S形钣弯件成形加工方法的重点是什么?

(2)十字交叉深孔钻削时难点是什么?如何克服?

(3)针对本试板的加工,加工技巧有哪些?

(4)如图 20.8 所示,进行铆钣复合件成形训练。评分表见表 20.3,技术要求如下:

1)外形尺寸公差为±1 mm,曲面圆弧过渡圆滑。

2)铆钉边距、间距公差为±0.5 mm。

3)-4、-5 件尺寸公差、圆弧尺寸公差为±0.3 mm,圆弧过渡圆滑。

4)-4 与-5 口盖间隙尺寸为 0.3~0.6 mm,均匀度在 0.2 mm 之间。

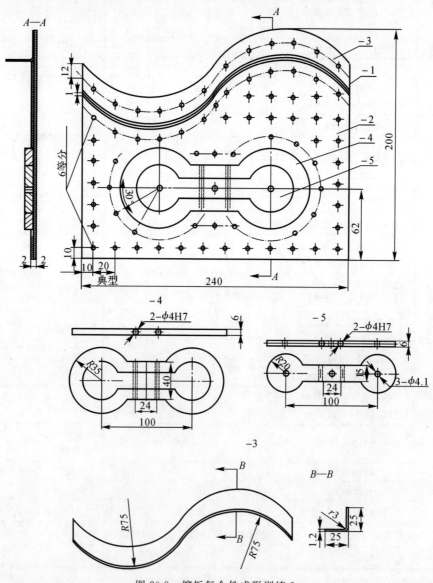

图 20.8 铆钣复合件成形训练 2

5)-2 与-4 口盖间隙修合间隙为 0.4～0.7 mm,均匀度在 0.2 mm 之间。

6)-2 与-3 对缝间隙修合间隙为 1 mm±0.2 mm,均匀度在 0.2 mm 之间。

7)钣弯件手工成形,平整光滑,无明显锤痕。

8)-5 件 ϕ4.1 互换孔错位误差≤0.1 mm。

9)-4、-5 口盖能翻转互换,间隙符合公差且均匀。

10)-4、-5 精度孔对称度≤0.1 mm。

11)-4、-5 配合后精度孔贯穿。

12)钣弯件与-1 件贴合度间隙≤0.1 mm。

13)外形阶差≤0.1 mm。

表 20.3　铆钣复合件成形训练操作评分表 2

序号	考核要求		配分 T	评分标准			检测工具	检测结果	扣分
铆钣复合件成形训练操作评分表			图 号		考 号		总 分		
				≤T	>T,≤$2T$	>$2T$			
1		整体外形尺寸 240 mm、200 mm	4	4	0	0	钢板尺		
2	件 5	外形尺寸 140 mm、 15 mm、40 mm	6	6	0	0	钢板尺		
3		R20 mm 尺寸公差 ±0.3 mm,过渡圆滑	4	4	0	0	半径规		
4	件 4	外形尺寸 170 mm、40 mm	4	4	0	0	游标卡尺		
5		R35 mm 尺寸公差 ±0.3 mm,过渡圆滑	4	4	0	0	游标尺、 半径规		
6	钣弯件	外形尺寸 240 mm、 R75 mm	4	4	0	0	钢板尺、样板		
7		弯边尺寸 25 mm	4	4	0	0	钢板尺		
8		弯边垂直度 90°±30′	4	4	0	0	直角尺		
9		弯边圆滑 r3 mm±0.5 mm	2	2	0	0	半径规		

续 表

铆钣复合件成形训练操作评分表			图 号		考 号		总 分		

序号	考核要求		配分 T	评分标准			检测工具	检测结果	扣分
				$\leqslant T$	$>T, \leqslant 2T$	$>2T$			
10	装配质量	铆钉孔边距	6	6	0	0	游标卡尺		
11		螺栓孔孔距、铆钉孔间距	6	6	0	0	钢板尺		
12		−2与−4口盖修合间隙 0.4～0.7 mm 均匀	5	5	0	0	塞尺		
13		−4与−5口盖修合 0.3～0.6 mm 均匀	5	5	0	0	塞尺		
14		−2与−3对缝修合 1 mm±0.2 mm 均匀	5	5	0	0	塞尺		
15		3−ϕ4.1 mm 互换孔错位≤0.1 mm	3	3	0	0	塞尺		
16		钣弯件与−2铆接贴合度≤0.1 mm	4	4	0	0	塞尺		
17		−4件翻转间隙均匀	3	3	0	0	塞尺		
18		−5翻转间隙均匀	3	3	0	0	塞尺		
19		−4,−5 精度孔 ϕ4H7 贯通	4	4	0	0	精度销		
20		−4,−5 精度孔 对称度≤0.1 mm	4	4	0	0	游标卡尺		
21		铆接质量	8	8	0	0	钉头样板、镦头样板		
22		铆接变形	4	4	0	0	钢直尺		
23		外形阶差	4	4	0	0	钢直尺		
24	表面质量		表面划伤、撞伤、机械损伤每处扣1分				目测		
25	技术安全与文明生产		违反有关规定扣总分5～10分				现场记录		
合 计			100 分						

复核人员	检测人员		
	签字	检测项目序号	

参 考 文 献

[1] 《航空制造工程手册》总编委会.航空制造工程手册:飞机装配[M].北京:航空工业出版社,1993.

[2] 《职业技能培训 MES 系列教材》编委会.铆装钳工技能[M].北京:航空工业出版社,2008.

[3] 贾玉红,何景武.现代飞行器制造工艺学[M].北京:北京航空航天大学出版社,2010.

[4] 王云渤,张关康,冯宗律,等.飞机装配工艺学[M].北京:国防工业出版社,1990.

[5] 乌兰.铆装钳工技能[M].北京:航空工业出版社,1994.

[6] 范玉青.现代飞机制造技术[M].北京:北京航空航天大学出版社,2001.

[7] 王海宇.飞机装配工艺学[M].西安:西北工业大学出版社,2012.